沃尔夫冈·弗莱

[德]　托马斯·克里　著

尤迪特·克勒

新型

养老护理

建筑模式

创新居住模式的基本要素

[德] 沃尔夫冈·朔伊布勒　作序

徐智勇　翁洁　译

U0291588

中国建筑工业出版社

著作权合同登记图字：01–2018–1851号

图书在版编目（CIP）数据

新型养老护理建筑模式　创新居住模式的基本要素 /（德）沃尔夫冈·弗莱等著；徐智勇等译 . —北京：中国建筑工业出版社，2018.10
ISBN 978-7-112-22195-0

Ⅰ.①新… Ⅱ.①沃… ②徐… Ⅲ.①养老院—居住模式—建筑设计 Ⅳ.①TU246.2

中国版本图书馆CIP数据核字（2018）第098717号

Die neue Architektur der Pflege Bausteine innovativer Wohnmodelle

Originalausgabe
© Verlag Herder GmbH, Freiburg im Breisgau 2013
Alle Rechte vorbehalten
www.herder.de

本书经德国Herder出版社有限责任公司正式授权中国建筑工业出版社出版中译本。

责任编辑：刘爱灵
责任校对：焦　乐

新型养老护理建筑模式
创新居住模式的基本要素

[德] 沃尔夫冈·弗莱　托马斯·克里　尤迪特·克勒　著

[德]沃尔夫冈·朔伊布勒　作序

徐智勇　翁　洁　译

*

中国建筑工业出版社出版、发行（北京海淀三里河路9号）
各地新华书店、建筑书店经销
北京点击世代文化传媒有限公司制版
天津图文方嘉印刷有限公司印刷

*

开本：787×960毫米　1/16　印张：22½　插页：1　字数：297千字
2018年9月第一版　2018年9月第一次印刷
定价：238.00元
ISBN 978-7-112-22195-0
（32072）

本书由朗诗绿色集团和君旺集团

组织翻译和出版。

目　录

中文版序

日益增长的人口使中国面临巨大的社会挑战。卫生条件和医疗服务的改善提高了寿命预期。人口在不断老化，许多人需要护理。疾病死亡率在降低，残疾人占总人口的比例在增加。

与此同时，经济的强劲增长，自然首先使城市发展欣欣向荣，学校、医院、幼儿园、休闲娱乐设施、购物中心和企业相互刺激。这种自我放大效应使农村和高度发达的文明中心之间产生了巨大的鸿沟。

过去，老弱病残者由家庭抚养，多代共居是普遍现象。现在，传统乡村方式的家庭纽带在中国已经受到损害。父母独自留在农村，儿孙们追寻远方城市富有挑战的职业生涯。独生子女政策进一步加剧了这种效应。对现代生活的追求改变了社会结构。跨地区经营的企业要求员工具有高度的异地工作意愿，这种压力增加了工作负担。近70年来，中国和德国在这方面经历了相似的发展过程。许多曾经生气勃勃的小地方，随着年轻人向大城市的迁徙而面临消亡的危险。留下的人很难适应快速的社会变革，生活需求难以得到满足。这种发展无论对城市还是农村都是不利的。

2008年世界城市人口首次超过了农村人口。据联合国预测，2030和2050年期间世界上将有60%～70%的人口生活在城市，产生一批3000万人口以上的超级城市，其规模将显著突破今天的尺度。

在许多城市形成了睡城，居民过着低质量的城市生活。居民的认同感和承担责任的意愿不断减弱，最终将导致对生活共同体的认知不断丧失，犯罪率升高。

相反，在农村却仍然保持着几近中世纪的社会结构，相对于世界城市高技术水平形成了超级应力。农村留守老人日益孤独，也得不到良好关怀。少量留在农村的从业人员有一种被文明社会的成就抛弃的感受，因为所有有吸引力的活动都集中到了城里。负面循环日益加剧：村庄荒芜，商店、饭店和银行歇业，以致形成两极社会：这一边是接受过良好教育的现代城市居民，那一边是被社会生活遗弃在农村的人，他们会越来越不满意。

这种发展趋势的危害不容低估。农村和城市和谐共存具有根本性的重要意义。每个领域都有其自身质量和权利。没有互相尊重，和谐相处的文化就会分裂。所以，无论农村还是城市都面临着巨大挑战。最大的挑战是必须消除差异和解决人口集聚中心的巨大生存压力。这项任务之所以是戏剧性的，是因为今天所做出的各项决策所导致的城市建设形态，将决定未来数十年的生活空间。

我们必须采取什么行动来增进相互尊重呢？又如何促进互相支持和承担互相关怀的责任呢？德国和中国都在思考这些问题。在谨慎处理城市和农村有责任的生活问题方面，两个国家面临着相似的挑战。本书介绍的生活社区（Living-Community）应该是一种解决方案。它可以保留和进一步发展现存资源比如现有的农村基础设施，不仅有利于减少年轻人外流和老年人孤独，也符合可持续发展的理念。

书中介绍的四种模式告诉我们，不同生活状态的人如何相处和共存。它们不仅具有社会示范作用，而且也可以带来经济效益。在生活社区里，许多残疾人住在自己家里，在生活共同体里需要日常照料的人基本可以自理，护理需求减至最小程度，护理费用也随之减少。在家的感觉油然而生，个人和社会支出显著减少。由此而建立的亲密关系所释放的潜能不仅具有货币价值，而且可以对全社会产生效益。居民不是统计学上的一个数字，而是有需求和能力的个体，他们的主权是有价值的。

书中介绍的成功事例又有了新的进展，海德堡列车新城的"海德堡村"（Heidelberg-Village）和弗赖堡的"智慧绿塔"（Smart Green Tower）项目将进一步实践"生活社区"这种模式。这两个项目告诉我们解决城市老人的孤独化问题也是可能的。海德堡村在自有住房和社区条件下提供广泛的现代化服务、护理和照料，赢得了德国三个部委的表彰。

建筑师的责任是构建一个将艺术和生活需求互相融合的生活世界。他们的任务是为不断变化的生活需求寻找解决方案。创新思维的相互交织可以激发巨大的潜力，帮助我们为后代构建有生活价值的未来。

沃尔夫冈·弗莱

2018 年 1 月

写在前面

得知《新型养老护理建筑模式　创新居住模式的基本要素》一书已由徐智勇先生翻译完毕，我很是欣喜。徐先生是我的老朋友，他为本书的翻译付出了很多心血，在日益老龄化的中国社会，我们需要这样的译著问世。

本书由建筑师沃尔夫冈·弗莱、老年病学家托马斯·克里和记者尤迪特·科勒共同著述，他们在生态、经济和社会可持续发展方面做了许多项目。我还记得 2016 年 3 月底，我在北京与弗莱先生见面的场景，我和同事与弗莱先生就建筑、养老等话题做了深入的交流，弗莱先生给我留下了深刻的印象。

本书介绍了四种养老模式，我简单概括为：村委会自发组织的养老模式；动物理疗模式；多代共居模式；探访伙伴组织模式。四种模式各有特色，它们的共同之处在于：关注了老年人的核心需求——陪伴。

我注意到，老年人更需要社会提供的不是优越的经济条件、硬件设施，而是有人陪伴，他们最怕的就是：忙碌了一辈子，到老了，被大家所抛弃。显然，书中介绍的四种模式都关注了老年人的这一核心需求。

在作者眼中，农村和城市是由无数个马赛克组成的生活空间。建筑师在参与构建这种生活空间时，必须注意突出并不断顺应人的需求，并将其摆在一切工作的重中之重。虽然人性各异，大家却都在寻找有家的归宿的感觉，而本书介绍的这些项目就是为了给老年人一个归宿。

愿所有的长者都能找到家的感觉！

是为序。

朗诗绿色集团董事长　田明
2018 年 2 月

译者的话

有一天，我在回家的电梯里因倾听一位中年妇女的喟叹而错过了楼层。她的话之所以这么吸引我的注意力，是因为她的话题引起了我的共鸣。这位女士说，她的父母辈儿女成群，虽然抚养艰辛，但是老来有子女轮换照看，能够安享晚年。而我们这些独生子女的父母们老来怎么办，子女即使有心也无力照顾四个老人。她说幸好她的大姐在郊区有一套大别墅，准备以后兄弟姊妹一起住过去，抱团取暖。这当然是好。然而像我这样的大部分老百姓怎么办呢？几近古稀之年的我，不免有些惆怅。

1982 年，联合国在维也纳召开世界老龄问题大会，会议对"老龄型"社会作了首次界定：是指 60 岁及以上人口占人口 10％ 以上，或者 65 岁及以上人口超过 7％。21 世纪初，我国已经迈入人口老龄化社会行列，并呈现出人口老龄化、高龄化和空巢化并行的特征 ❶。2017 年 8 月 3 日，民政部公布《2016 年社会服务发展统计

公报》，报告显示截至 2016 年底，全国 60 岁及以上老年人口 23086 万人，占总人口的 16.7％，其中 65 岁及以上人口 15003 万人，占总人口的 10.8％。

2013 年 9 月，国务院发布"关于加快养老服务业的若干意见"，提出要加快发展以居家养老为基础、社区为依托、机构为支撑的社会化养老服务体系。各地街道社区逐步提供老年人送餐服务，设立托老所和社区养老护理中心。然而，面对如此巨大的需求，养老服务资源供给明显不足，特别是巨大的社会公益服务潜力没有得到充分挖掘和利用，相关法律体系和保障性制度尚待完善。应该说老龄化问题不仅仅是我们国家的问题，世界上许多国家都面临着同样的挑战。

有一次我去德国考察建筑节能和被动房项目，本书主要作者建筑师弗莱先生安排我们走访了他投资建设的几个养老护理中心，其中就有书中介绍的斯瓦能豪夫养老护理中心。当我们走过顶楼的一些公寓时，有一个老

---

❶ "城市社区养老服务研究"，王连新著

人听到动静开门探头张望，于是我们就攀谈起来，他还把我们请到他的家里。这位老人当时90岁了，曾经是一位海员，老伴去世后搬进了现在的公寓。老人精神矍铄，生活基本能够自理。问他为什么住在这里，他说人老了随时可能需要帮助，而这个养老护理中心可以随时根据需要提供各种服务。公寓就在村子中心，充满生活气息。边上是教堂和村政府，楼下是商店，一楼和二楼是养老护理中心，顶楼是出租公寓。而养老护理中心里的护工大多是来自本地的义务工，都是乡里乡亲，经过适当培训担任普通护理工作。医学护理和救助则有专门的救护站和医疗机构提供服务。老人们在中心就像生活在家里一样，而家人则可以安心工作。这里没有机构养老院那种严格的制度管理和高额的护理费用。我们看了以后深深被打动，这就是我梦寐以求的养老去处啊。

弗莱先生看到我对他的项目感兴趣，随即送了我一本由他主编的《新型养老护理建筑模式 创新居住模式的基本要素》。这本书详细介绍了德国四种养老护理模式，即由埃希斯泰腾村民委员会自发组织的养老护理中心、位于莫纳湖畔以借助动物理疗而著称的穆勒之家、柏林老年朋友协会和海德堡的多代共居屋。就像德国前任财政部长现任联邦国会议长沃尔夫冈·朔伊布勒为此书写的序中所说的，《新型养老护理建筑模式 创新居住模式的基本要素》这本书详细介绍了四种居住模式，包括建筑设计和护理特色，既贴近实际，又有充分的科学依据。对此有兴趣的人，为自己的生活环境探寻个性化解决方案的人，都可以从中得到启发。该书循序渐进，借助基本要素，生动展现了将志愿者潜能成功应用于实践的创新思想。

其实在我们身边有许多"年轻"的老年人，他们退休以后有的还在继续发挥余热，为家庭和社会做奉献；有的去上老年大学，活到老学到老；也有一些人则苦于没有社会组织而只能消磨时光。所以我们需要政府进一步帮助和支持相关公益组织，依靠他们去把社会志愿者的潜能调动起来，提供资金扶持和法律保障，形成一种互帮互助的关爱社会。通过机构养老、社区服务和居家养老等不同层面的优化组合，实现老有所医、老有所养，使老年人能够有尊严、有质量地安享晚年。

在征得弗莱先生许可的情况下，我集点滴时间将此书翻译成中文，奉献给我们的老年朋友和有志于我国养老服务事业的同仁们。

中文版的问世得到了业内许多人士的关心和支持。首先要感谢弗莱先生的信任，他无私奉献了版权，并为中国读者专门写了序。感谢朗诗绿色集团和君旺集团为本书的出版所给予的友情支持。

徐智勇

2017 年 12 月 26 日于上海家中

序

沃尔夫冈·朔伊布勒

在埃尔茨山脉安纳贝格－布赫霍尔茨小镇的圣安尼教堂画廊里，有一组浮雕十分令人瞩目。它用动物图腾描绘了人类每隔十年的生命形态：10岁男孩是一头用手指吹着口哨的单纯牛犊，20岁时成了好斗的公羊，30岁变成了一头拿着酒囊的野公牛，40岁成为一头扛着战戟的雄狮，50岁成了一只撑着旅行杖的狡猾而又谨慎的狐狸。然后呢，到了我们这一代就很有意思了：60岁成了一头背着钱袋子的勤劳而又贪婪的狼，70岁成了一条挂着佛珠的忠诚的狗，到了80岁变成了一只无用的、时而犯错的猫，90岁时变成了一头坐在折叠椅里的老驴。

南侧画廊描述女性年龄的浮雕同样发人深思：10岁女孩是一只手拿洋娃娃、天真无邪的鹌鹑，到了20岁成为一只用新娘花环打扮的鸽子，30岁时成了一只拿着镜子的贫嘴喜鹊，40岁变成了一只挂着钥匙串、高傲又爱打扮的孔雀，50岁成了一只挂着佛珠的殷勤母鸡，60岁时成了一只抱着细颈瓶的鹅，70岁时变成了一只贪婪的秃鹰，80岁成了一只无眠的猫头鹰，90岁成了一只坐在扶手椅里身体虚弱又怕人的蝙蝠。

或许有人认为这种比喻在政治上有失偏颇或者存在性别歧视。然而，在16世纪人们就是这么诠释人生的。这种描述方式之所以打动了我，是因为它对人生年龄这个话题的描述是如此真诚而又富有想象力。真心地说，那时候在安纳贝格基督教区做礼拜瞻仰这些浮雕的信徒们，绝大多数平均年龄活不过60岁。幸好现在已今非昔比了：我们中很多人已经活到了80岁或者90岁。新近完成的阿伦巴赫调查表明，这些老人与无眠的猫头鹰或老秃驴几无关系。他们比以往更健康更有活力。然而，他们终究还是会老态龙钟，需要关心和帮助，只是晚一点而已。前景美好吗？是也不是。

我们中间的许多老者，对于老来仍能享有高品质生活的期望与日俱增。而我们中的年轻人是伴随着"老龄化"

这个概念长大的，他们从孩提时代起就准备自己应对老龄化问题。老龄化迫使公民和政治家共同寻找合适的解决方案。本书恰好既生动又富有创意地为我们描绘了解决方案的蓝图：

截至 2009 年 12 月，德国有近 234 万人需要护理，并呈增加趋势。据统计，其中 1/3 以上年龄超过 86 岁，90 岁以上人口的护理需求量最大。与此同时，那些所谓的"年轻老人"却越来越矫健。他们去看电影，看戏，远足，关心老来是否还能保持他们的生活质量。许多今天已到 60~80 岁的人认为没有必要进养老院。为什么呢？因为现在已经有越来越多为住户量身定制的生活模式，既富有创意又极具吸引力。《新型养老护理建筑模式　创新居住模式的基本要素》这本书详细介绍了四种居住模式，包括建筑学和护理特色，既贴近实际，又有充分的科学依据。对此有兴趣的人，为自己的生活环境探寻个性化解决方案的人，都可以从中得到启发。该书循序渐进，

借助基本要素，生动展现了将志愿者潜能成功应用于实践的创新思想。

本书介绍的第一种居住模式，弗赖堡附近凯塞斯图尔旁边的一个小村—埃希斯泰腾的一项创议：20 世纪 90 年代中期，村民决定自己接管代际服务契约。这个有 3000 居民的村子成立了一个联合会。为了让那些平时需要照料的老人能够住在村里，而不是被安置到外面的养老院，他们担起了建设具有护理功能的老人居住设施的重任。2008 年开始，埃希斯泰腾还增加了一个年迈者护理居住组，为本地区失智老人提供帮助。今天，村里几乎每两户就有一个居民联合会成员。如果没有这种民间组织，许多老年人就必须被安置到本地区的养老院，因为他们的家庭已经无力承担照料任务了。他们可能会被送到弗赖堡、艾默丁根或者埃藤海姆那些不像他们家乡埃希斯泰腾那样熟悉和值得信赖的地方。

第二种居住模式是北莱茵－威斯

特法伦州莫纳湖畔的托老和护理院。这里不仅是老年人的家，也是他们宠物的家。这栋家庭管理的传统建筑，35 年来一直致力于在老年人护理院中发挥动物理疗的潜能，成果卓著，以致一床难求。

像前面两种模式一样，书中介绍的第三种居住模式"老年人的朋友"联合会位于柏林，他们尝试在大城市的特殊环境下，通过创造社会接触和友情交往，防止孤寡老人产生孤独感，以此改善他们的生活质量。联合会高举"老朋友是最好的朋友"的旗帜，为老年人的交往独辟蹊径。联合会建立家访项目，安排志愿者和老人结伴，努力保证定期家访，帮助老年人完成虽然细小却又十分重要的日常事务，争取尽量延长他们独立生活的时间。

另一个老人之家采取了完全不同的形式，也就是本书介绍的第四种居住模式。它是海德堡多代共居屋。2007 年，时任联邦家庭部长为这个项目剪彩。该项目还获得了联邦政府颁发的"灯塔项目"奖。这个项目不仅让年轻人和老年人共居，更重要的是创造了互帮互助的生活空间。在"瑞士大院"——这个多代共居屋就是这么称呼的——有提供给需要护理者居住的无障碍公寓，蒙特梭利托儿所和有义工经营的文化咖啡馆。海德堡多代共居屋成了最受欢迎的聚会场所。在这里建立起来的邻里关系，能够做到一方有难八方相助。

老年病学家托马斯·克里、建筑师沃尔夫冈·弗莱和记者尤迪特·科勒共同完成了本书著述。他们在生态、经济和社会可持续发展方面做了许多项目。在作者眼中，农村和城市是由无数个马赛克组成的生活空间。建筑师在参与构建这种生活空间时，必须注意突出人在我们社会存在的重要性。所以，现代建筑应该能够顺应不断变化着的生活诉求。建筑师应该坚持社会可持续性原则，综合考虑生态、经济和社会条件的和

摄影：Wolfgang Frey

谐。一定要把社会和个体需求摆在一切工作的中心位置。数十年来，以德国环境之都著称的弗赖堡，为推崇可持续理念的建筑师提供了成长的沃土。虽然人性各异，大家却都在寻找有家的感觉的归宿，而本书介绍的这些项目就是为了让你的归宿有家的感觉。

人，尤其是老年人，既苛求完美又千姿百态。就像文章开头提到的在埃尔兹山区一座教堂中的浮雕所展示的那样：一只猫头鹰和一头驴，一只鹅和一只狐狸，到最后都不可避免地走到了彼此抱团度日的境地。幸运的是，德国有越来越多的居住模式，可以让鹌鹑、秃鹰和蝙蝠住在一起，也就是现在人们所称谓的能让不同年龄的人共同居住的"多代共居屋"。也许这一切做起来还比较复杂和费事，但是那座教堂的浮雕不正是一个过程的真实写照吗？而这个过程是我们每个人必定要经历的。

石勒苏格益－赫尔斯泰因州的一位女总理曾经说过，要是她在生活和职业生涯中永远是最年轻的，该有多好啊！她的话言简意赅地表明："我向你们保证，一切都会过去的"。简单的事实告诉我们，我们都会慢慢变老。本书介绍的模式不啻是一剂良药，它可以帮助我们去富有创意地直面老龄化所带来的挑战。

沃尔夫冈·朔伊布勒
（德国前任财务部长，现任德国联邦国会议长）
2012 年柏林

示范项目 1

埃希斯泰腾村的斯瓦能豪夫托老所和阿德勒加藤护理院

斯瓦能豪夫项目

埃希斯泰腾 —— 一个走在时代前列的村庄

埃希斯泰腾在凯泽斯图尔边上，是巴登南部一个典型的葡萄种植小山村。这是一个还能称之为村庄的地方。村里住着3000多个居民——有孩子的年轻家庭、上班族、单亲家庭，早出晚归的，还有老年人。他们中许多人世世代代居住在黑森林和弗格森之间这片悠闲恬静的家园，四周是阳光普照的葡萄种植园和肥沃的菜地。埃希斯泰腾既有农业，也有中小企业和手工作坊。这里的工商业提供了700多个工作岗位。

然而，乍一看来如此田园诗般的景象却是辛勤劳动的成果，因为埃希斯泰腾人也无法回避严峻的现实。和周边的村庄、斯图加特和汉堡一样，这里的人同样面临着21世纪现代化进程所带来的社会变革：出生的孩子越来越少，儿孙们逐渐长大，许多已经离开农村到城里生活和工作，少部分孩子留了下来。埃希斯泰腾同样面临着老龄化问题。20世纪90年代初第一次出现的危机迄今依然存在。早年的村长格尔哈特·基希勒很早就认出了老龄化的狰狞面目："在和村里人交谈时，年龄较大的村民常常忧心忡忡：'我

们老来会怎么样啊？年轻人根本就不住在家里，我女儿很少来看我们'，他们常常跟我这样絮叨。"当然，老人们知道在像弗赖堡这样的大城市有专门的养老院。只是他们不愿意离开村子，更不愿意住到养老院里去。他们愿意在生活了一辈子、自己熟悉的环境中慢慢变老。老村长基希勒把这种愿望确立为他和整个村庄的奋斗目标。

格尔哈特·基希勒从1981年到2005年担任凯泽斯图尔地区一个村的村长，他早就知道，随着悄然发生的人口萎缩，将来一定会出现养老护理的缺口，而且这个缺口仅仅依靠专业护理机构已经无法填补。他的脑海中浮现出"村民互助"的理想方案。于是，这个无党派政治家从市民公社中认识到，联合会应该是一种比较理想的组织。在这个组织里，村民重新挑起互帮互助的担子，接过代际契约的重任。不是由家庭，而是由村子这个大一点的单位来承担责任，因为这几十年里，家庭的形式和功能在持续地变化。于是，埃希斯泰腾的目标明确了。应该为落实代际契约创造可能性。现在，

90年代，人口老龄化问题在埃希斯泰腾也很突出。新生儿越来越少，成年人更愿意在城市生活而不愿意留在农村。

凯泽斯图尔边上
住着 3000 个居民的埃希斯
泰腾葡萄种植小山村。

...应该为落实代际契约创
造条件...

摄影：Wolfgang Frey

> **》我是 > 就地养老文化 < 的捍卫者，因为我认为每个村庄有她自己的历史和与时俱进对待老人的方式。《** 米歇尔·希曼扎克

基希勒需要在村里做说服工作。在交谈中，他试图让埃希斯泰腾的住民接受并参与这个项目。基希勒相信，只要人们认可了这个项目，他们就会认真对待。老村长认识到，村民集体参与，亦即请他们早期参与决策是这个项目和其他许多项目成功的关键。20世纪90年代中期，巴登符腾堡州组织的"市民参与网络"对市民公社的理想做了大力宣传：基希勒就是这个成为全联邦德国榜样的学习网络的第一批积极分子。参与学习网络的村镇致力于寻求市民参与的新路径，实验市民、村民委员会和村政府之间新的合作模式。而这些活动是在外来专家的帮助下进行的。从一开始就与基希勒并肩战斗的也有建筑师沃尔夫冈·弗莱和社会工作者米歇尔·希曼扎克。自1998年开始，米歇尔·希曼扎克作为经理和社会工作者，为伯钦根市教会资助的社会救助站工作。此前，他从1990年到2000年在伯钦根市负责由联邦政府创导的咨询、接待和中介机构工作。这个机构为需要护理的人群及其家属提供咨询，同时也调查凯泽斯图尔地区护理需求的缺失。这位社会工作者是"就地养老文化"的捍卫者，因为他认为每个村庄有她自己的历史，属于天主教区还是基督教区，有些什么文化特点，所以也有与时俱进对待老人的方式。每个村庄需要有自己的发展模式。如果说他们在当时只是预感到了老龄化问题，那么今天他们已经知道社会保险资金已经用完了，专业护理人员严重不足，而老人和失智病人的数量在近20年里又翻了一倍。像基希勒一样，专业护理机构当时也知道：在埃希斯泰腾没有居民参与是不行的，必须独辟蹊径。希曼扎克提出了一种由专业护理人员和经过培训的外行组成的混合护理模式。因为，面对老龄化问题，应该分摊对于需护理人群的责任。"我们当时问自己：我们现在能够从20年来的正规社会保险学到些什么？"社会工作者解释说。在他眼里，那里需要一个设在住地附近的护理机构。在理想情况下，应该由村里的居民来管理。尽管自己也是个专业人员，

他自己也认为教外行学习护理不应该有什么问题。相反，"作为社会救助站，如果害怕市民会因此而夺去他们的工作，那就太犯傻了。因为工作量迟早会翻倍，所以无论如何也要把工作和责任分摊给更多的人来承担"，他解释说。

就在基希勒为养老护理寻找答案的时候，年轻的建筑师沃尔夫冈·弗莱接到了一项改造空置了 25 年的葡萄酒合作社大楼的任务，那里以前曾经是一家餐厅。

"问题是这栋建筑超级大，而合作社只需要一个小的销售厅"，弗莱说。20 世纪 80 年代，他的父亲弗里特利希·弗莱已经为葡萄酒合作社画好了设计图，并在图上标明这栋楼可以派什么用处。现在，他的这个从柏林学成归来的儿子正在准备接手父亲的建筑事务所。满怀着对埃希斯泰腾独辟蹊径设想的兴趣，年轻的弗莱对这栋楼做了新的规划。斯瓦能豪夫显然很理想：它位于村子的中心，对面就是教堂和村公所。发起者们看中了这栋楼的位置，尽管这有悖于当时流行的想法。"20 世纪 90 年代初，人们通常认为养老院应该建在村子边上，那里安静，也不会看到老人们的苦难"，弗莱说。然而埃希斯泰腾不想这么做。年老的村民应该生活在有生活气息的地方。弗莱和基希勒一起去找投资者和养老院的经营机构，问他们在埃希斯泰腾是不是也可以建一个由自己管理的养老护理机构。但是他们表示行不通，说这个村子太小了[1]，不划算。

现在怎么办呢？"我们只有两种可能：回去跟村里说养老护理机构嫌我们村子小拒绝合作，我们已经无计可施了；或者寻找其他解决办法来消除老年村民的顾虑"，基希勒回顾了当时的窘境。5000 人以上的村子应该没有养老护理问题，因为达到一定规模后养老护理的经营才可以盈利，所以这些村镇也早就被相关机构"收割"了。从 20 世纪 90 年代初开始，护理已经成为一项"社会产业"，原来的村长指责说。这种从罐头里获取万能方案的社会产业，恰恰是基希勒和他的同伴最不想要的。他们要为埃希斯泰腾这个小村落量身定制一个超前于这个时代的解决方案。

老年村民应该住在有生活的地方，而不像 20 世纪 90 年代初期通常的做法那样，在村子边上建养老院，那里安静，也不必让人看到老人的苦难。

1993 年时的
"老"斯瓦能豪夫。

摄影：Rudi Ulricher

...斯瓦能豪夫显然是一个理想之地：在村子中心，对面是教堂和村公所...

当然，此时还没人知道，在资金短缺的情况下如何投资这个项目，谁将成为这个大家都认为是个空想项目的建设和运营者。只有村里的决定是坚定不移的，我们要自己掌握代际契约。

在这样一个坚定信念的基础上，我们一定会有所作为，尽管前面的"道路坎坷不平"，基希勒信心百倍。

人口老龄化对农村地区提出了特殊的挑战

我们的人口将越来越少，越来越色彩斑斓，越来越老。人口老龄化和社会变革的信号一语中的。它只认识千姿百态的面孔。小村落的人口萎缩可能会很快危及作为生存救济根本的重要基础设施：从学校到商店直至老人照料。在此过程中，人口老龄化和社会变革对村镇将产生不同程度的冲击。在布兰登堡，村镇为生存而战；而在大城市的边缘地区，村镇却在不断扩张。相邻村镇的发展也千差万别。有些村镇对年轻家庭和企业有吸引力，成为度假首选地，而有些村镇却无人问津，就像布兰登堡州的舍恩海德村，那里的人们只能抱团取暖，组织车辆服务，建设互助网络，以保证这个村庄对于住在那里的人仍有生存价值。埃希斯泰腾在两个方面取得了成功：这个村子接受了人口老龄化的挑战，为老年人的居住和护理需求寻找自己的答案，为建立一种新型的代际团结创造了前提条件。在招商引资和企业更新改造

方面也取得了成功。这个村子不仅尽心于社会的可持续发展，同时也顾及了生态的可持续发展。对于所有城市和乡村共同面对的挑战，她展现了主动出击的英姿。

代际契约

代际契约是德国为代际团结而创立的一种保障老年人权益的手段：劳动所得被理解为用于维系生命的收入，也就是要满足孩提时代、青年时代和劳动年龄等各个生命阶段的需要，也必须能够满足暮年的生存需要。如果把一个社会看作一个团结的共同体，那么它就能够找到分配中间代劳动所得的解决方案。这种方案不仅应该能够维持中间代的生存需要，而且也应该能够保障儿童和老年人的生存需要。代际契约是一种不成文的契约，无人签字，它存在于缴费者和领取养老金者之间。代际契约也可以看作由国家组织的服务于社会老年人的赡养义务。代际契约的含义与社会契约的思想密切相关。社会契约见诸 18 和 19 世

埃希斯泰腾走在了时代前列。村子接手了代际契约，通过建立村民联合会，对建设现代代际团结作出了承诺。

纪，可以追溯到托克维尔。现在我们面对的人口老龄化和长寿社会，使代际契约难以为继。工会要求制定新的代际契约，而另一拨人则主张取消契约。把团结代际契约仅仅看作对老年人的物质保障，显然是短视的。代际首先应该是互相照顾：儿童不仅需要他们父母的照顾，也需要爷爷奶奶的看护。住在附近的祖辈帮着照看孩子，成为年轻的小两口子的重要帮手。祖辈住在附近多好啊，他们帮助照看孩子，把代际团结落到了实处。然而，现在孩子越来越少，以致相帮的需求也越来越少，这也意味着以后能够为需要帮助的老人提供服务的孩子的数量在不断减少。而我们的社会保障体系，即护理保险又恰恰是建立在家庭团结这个基础之上的。国家财政预算建立在家庭承担主要护理义务的基础上，如果没有那么多家庭愿意为他们的亲属承担护理任务，护理保险早就破产了。不仅是退休金，日常照料和护理也是保证代际团结的一项重要任务。所以，现在需要建立一种新的（不签字的）代际契约和新的游戏规则。

这样一种代际契约会是什么样的呢？它将不再仅仅依靠女儿和媳妇的护理意愿，像现在的这种方式以后不会再有了。子女们必须工作，他们也不再愿意把一生的时间完全奉献给对近亲的护理服务。那么如何创造一个前提条件，它既能以某种方式使家庭团结充满生机，又能将从业、友情护理、市民奉献、政府行为和完全为我所用的业余生活有机地统一起来呢？这正是对我们这个老龄化社会和社会变革的核心挑战。埃希斯泰腾走在了时代的前列，深刻理解了社会契约的内涵。通过成立村民联合会提交了一种保证承诺：我们互帮互助。这种形式的代际契约简单明了，它可以把男女村民组织起来，为实现既有地方特色又富有时代意义的代际团结而共同奋斗。

梦想成真

村庄展现了新的生活模式

在埃希斯泰腾的村民决定让老人们在自己熟悉的环境中颐养天年以后，现在需要回答的问题是如何将其落到实处。考虑了三种可能：居家养老，在斯瓦能豪夫建设养老护理中心并由邻里照料或者对需要护理人员进行日托照料。迄今为止，斯瓦能豪夫项目只是一个充满希望的想法；变为现实需要行动。于是基希勒村长在 1993 年借鉴了市民公社的理想模式，成立了"圆桌"[2] 形式的工作组。参加圆桌会议的除了基希勒、希曼扎克和弗莱，还有埃希斯泰腾的村委会，感兴趣的村民以及教会和社会团体的代表。会上展开了热烈、富有激情而又有逻辑性的讨论：如何能够把老年人和需要照料的人员更好地组织起来？村民义务服务的能力有多大，是不是靠得住？是不是允许非专业人员经营管理一个养老护理设施？这些核心问题不是那么容易很快找到答案的。初始的兴奋被浇了一盆冷水。然而，埃希斯泰腾人是不会那么快被吓住的！在他们走访了其他村镇的一些养老护理机构后，获得了新的勇气。"现在，我们觉得有足

够的能力，自力更生建设这个项目"，基希勒总结说。

这位前任村长在寻找经营尤其是投资单位时"困难重重"。养老院经营单位以斯瓦能豪夫太小为由拒绝了邀请。投资商对投资回报率期望值过高，埃希斯泰腾这个小村落承受不起。基希勒四处奔走。如果他一定想要埃希斯泰腾的斯瓦能豪夫，他就必须再想想办法。"我首先想到了村民集资"，他说。可惜行不通。就在他找不到投资渠道而走投无路的时候，弗莱对建设费用算了一笔账，核心问题是：这个项目最多允许花多少钱？每个月的运行管理费用最多允许多高？弗莱可以根据这个再融资额计算出最大可能贷款额度，并以此为依据计算出可能的建设规模。算完后，他拿着项目草案去找基希勒，并向这位茫然不知所措的村长自荐作为项目投资人。这位平时对一切新事物持开放态度的基希勒却对弗莱说，这件事得让我想一想。"这真是破天荒啊。我要把这个建议可能给村子带来的优缺点琢磨清楚了"，他试图解释他犹豫的原因。银行参与进

》我们觉得有足够的能力，自力更生建设这个项目《

格尔哈特 · 基希勒

斯瓦能豪夫村养老护理中心的发起人：村长格尔哈特·基希勒（上），布莱斯高北部教会救助站站长希曼扎克（左下）和建筑师沃尔夫冈·弗莱（右）

来了，可靠的投资计划制定好了。很快就证明：此事可行。通过租金实现再融资的精确的财务平衡可以替代自有资本的投入。融资问题解决了，不再需要有钱的"投资商"了。弗莱负责资金运作，即控制建设费用，保证租赁效果，本金收益和还贷利息。村里也能将租金控制在能够承受的范围。

在今天看来，这种做法就是典型的"PPP 公私合作"模式[3]，当时我们还不知道后来是这么称呼的。从这一刻起，基希勒把资金负担转嫁给了那时才 33 岁的建筑师。"我真有点后怕啊"，弗莱承认说。"现在我必须百分之百保证预算的建设费用够用，如果不够我就破产"，他补充说。这可不是个小数目啊：建设斯瓦能豪夫需要三百万马克。

这种投融资模式[4]确定下来以后，就进入了规划设计阶段。基希勒、希曼扎克和弗莱这个三人团队各显神通。基希勒负责在村里推进，在埃希斯泰腾村以外进行宣传。希曼扎克作为联系人负责解答围绕护理和照料的各种问题。弗莱专门负责建设和投融资。

经过一段时间的思考后，三个人决定：多设几个床位可能更好。于是他们当机立断询问斯瓦能豪夫边上的邻居能否把他们的宅基地让出来。此人也很配合：他本来就考虑出让他的住宅，因为他老了。于是，弗莱重新开始画图。可是新的计划需要新的经费。这么大的一个数目是需要年轻的弗莱有很大勇气的。"我刚刚搞定三百万，现在要增加到六百万"，弗莱今天为难了。干就需要他承担责任。"资金风险让他数周辗转反侧"，他回忆说。一般是由建设单位出资，而不是建筑师，弗莱强调说。

虽然进度不快，项目却还在推进。工作组接二连三地成立起来了。越来越多的村民找来要求参与。根据专业领域，把人分为若干组，每组 10 到 20 人。人人欢迎参与。最后达到了 10（！）个工作组。

弗莱参加"建设和规划"组的工作。这个组的讨论从一开始就十分费劲，基希勒回忆说。"他要和大约 15 个人讨论各种各样的问题：淋浴间放在哪里？用什么地板？瓷砖的防滑效果如何？对他真不容易啊"，基希勒透露。

在具体规划设计阶段，基希勒、希曼扎克和弗莱各显神通。三人在这个阶段战胜了巨大挑战。

...如果让村民高度参与规划过程，就必须让他们畅所欲言...

1997 年 2 月
建筑师沃尔夫冈·
弗莱为项目奠基

摄影：Gustav Rinklin

...工会要求新的代际契约，
其他人则建议解约...

摄影：Gustav Rinklin

建筑师耐心细致地面对村民们对新事物的不安全感。他仔细听取村民意见，认真记录他们的建议和担忧，并落实到他的规划设计中去。这是需要勇气和信任的，弗莱承认说。如果让村民高度参与规划过程，就必须让他们畅所欲言，即使许多意见和建议和他自己的初衷有出入。基希勒回忆说："弗莱对他的设计一定修改了无数遍，这是一个持续优化的过程。"所以，在四年以后斯瓦能豪夫的落成典礼讲话上，他才敢问："这个项目的设计成功了吗？还需要更多的改动吗？"

在埃希斯泰腾村民们的共同努力下，斯瓦能豪夫养老护理中心的运行符合日常护理的需求。有人帮助晨起时的洗漱和穿衣，准备早餐，把垃圾搬到楼下或者洗盘子。八成多的老人需要别人帮助，恰恰就是这些琐事，基希勒解释说。而这些帮助是每个人，无论是邻居、孙儿或者某个村民都能做的。这种形式的照料不需要专业培训。剩下的20％属于医疗护理，这些业务交由社会救助站或者护理机构来承担。"我们从一开始就明白，家庭医疗护理是不可能由村民完成的"，希曼扎克说。家庭医疗护理（SGB Ⅴ）包括医生安排的所有护理工作，如打针、包扎或给药。法律上允许家庭内部做的事如母亲给奶奶注射胰岛素，外人是不允许的。所以，专业护理人员和村民互相信赖和配合是绝对必要的。但是，刚开始的时候，埃希斯泰腾的许多村民对这种大胆冒险表示怀疑。他们实在无法想象也不敢相信，社会救助站会愿意和外行认真合作。"首先需要建立一种信任关系"，希曼扎克说。但是，通过因人施教，对埃希斯泰腾的帮工开展培训，专业护理人员很快就证明，他们确实愿意尝试这样一种特殊形式的合作。在提高班上，专业人员告诉外行们如何开展正确的护理，哪些护理存在风险。比如，住在斯瓦能豪夫养老护理中心的男男女女在起床或者从床上转到轮椅上时往往需要别人帮忙。而这样的工作一般只能由经过专业培训的人员来做。社会救助站就为邻里帮工开展针对性的培训，教会他们如何轻手轻脚地搬动需要护理的人员。在学会正确的护理过程和

许多村民参加专门的培训班，以便能够主动帮助护理工作。这表明尽管他们在开始时表示怀疑，但现在已经愿意为村民联合会尽力了。

> 你只要让村民放手干，他们就会越来越积极。埃希斯泰腾人做出了超常的发挥，因为他们相信自己有能力这样做 <

希曼扎克

技巧以后，护理工作就完全可以交给村民联合会来承担。专业护理人员和村民之间的合作非常出色，希曼扎克说。"当然总会有一些摩擦，关键是大家要平起平坐，平等相处"，他强调说。

埃希斯泰腾之所以能够成为真正的成功典范，关键在于不是脱离实际需求进行盲目的规划设计，这位社会工作者说。人人都倾听和关注村民们的智慧和能力。起初，为了保证投资回报率，专业机构要求至少设 30 套住房。真要这样做就完了，希曼扎克肯定地说。"这么多的住房我们用不了，16 套就已经够了。"所以也需要高度赞赏建筑师的努力，基希勒补充说。"沃尔夫冈·弗莱敢于站出来作为投资人，对项目成功做出了决定性的贡献"，前任村长补充说。虽然作为投融资责任人，建筑师的目光却首先不在于如何获取最大的投资回报率，对他来说实现内在质量的综合平衡过程更加重要。基希勒，这台继续引领埃希斯泰腾走自己道路的发动机，并没有因为

要向村民交掉一部分权力而被吓回去。村委会也没有被吓回去。村民们奉献了他们的智慧和能力，从而也对政治过程产生影响。"基希勒和村委会始终为给村子寻求解决问题的办法而努力。党派政治路线放在了其次"，希曼扎克回忆说。从没有担心过村民的热心有一天会减退。"只要让村民们放手干，他们就会越来越积极。埃希斯泰腾人做出了超常的发挥，因为他们相信自己有能力这样做"，希曼扎克解释说，他强调："责任源于参与。"就这样把志愿者行为变成了全体村民的义务。

埃希斯泰腾成了村民公社

数十年来，走在时代前列的村长们一直致力于将村政府提升为服务管理部门。他们和村民说事就像对待自己客户一样。他们应该得到尽可能友好和高效的照顾，为他们提供高质量的服务。而事实上，男女村民并不仅仅是客户，他们也是村子日常事务同

策同力的骨干。在人口老龄化、政府行政能力有限以及财政紧缺的年代，更需要他们参与公共事务，共同决策未来应该怎样组织公共服务：我们是否还需要一个游泳池，我们能承担得起吗，又如何来经营呢？图书或者公共图书馆是不是对教育有重要贡献？如果是，能不能找志愿者来管理，使图书馆能够维系下去？*村民公社*这个词目对于恢复地方自治而言，意味着男女村民的自组织行为。村民组织远远超出了志愿者或者传统意义上的自愿劳动的范畴。它更多的是一种传统意义上的参与，比如参与城市建设规划。其核心是由地方积极分子、企业主、男女村民、联合会、教区其他重要地方社团构成的地方自组织。男女村民得到授权和支持，成为他们自己社会关系的生产者，而不是停留在由陌生人提供公共服务的消费者身份上。埃希斯泰腾就是这样一个村民公社：在这里，男女村民被邀请参与公共事务，成为互帮互助的生产者，自己处理住房和服务问题。但是也会要求他们认真对待村民自组织的权利。它以不同形式表现在不同的领域。从葡萄酒合作社到商业联合会直至村民联合会。村民公社具有村民自组织的显著特点。它的特点还包括有清晰的游戏规则来决定村政府、管理部门和民间社团之间如何共处。这些游戏规则在埃希斯泰腾已经约定俗成了。而所有这些都是在参与者的学习过程中完成的，包括村长，他作为村里的管理负责人和首脑，除了担当明确的管理任务外，还出色承担了主持人的角色。

村民们得到了支持，使他们能够重新自主处理相关事务，而不是袖手旁观成为外来服务的消费者。

斯瓦能豪夫的建筑布局

一个令人留连忘返的生活场所

如果你无法再去有热闹生活的地方，那就让生活来找你吧。带着这样的信条，沃尔夫冈·弗莱建筑事务所在埃希斯泰腾建设了斯瓦能豪夫养老护理中心。他心里非常清楚，即使楼盖完了，这个项目也不会结束。为了让村里人能够长期接受，斯瓦能豪夫必须充满活力。就像一个人从出生那天开始了新生那样，这个项目从建成以后也开始了新生活，建筑师说。"一切都事先考虑周全当然是好，但是它还需要有人扶持才能真正发挥作用"[5]，弗莱先生在他"*五指原则*"的书里是这样写的。一只手的五根指头代表了生态、经济、社会、创造力和激励这五项原则中的一项原则。弗莱用这样的比喻清楚地阐明，孤立考察事物的某一个方面是不够的，可持续的项目建设需要遵从包容性规划理念。斯瓦能豪夫的建筑方式也得益于这种整体性考虑问题的方法。

从最初的设想到项目建成经历了整整七年。回想起来，这七年时间是重要和有意义的，因为后来的用户和村民需要时间和项目建立感情。为了让这个新的设施充满活力，最主要是要有一个好

的位置和热心的村民。当 1995 年签署斯瓦能豪夫项目合同的时候，发起者们就有意识地把重点放在了"把老年人公寓融入生动的乡村生活中来。"[6] 斯瓦能豪夫的地理位置再好不过了：在村里中心位置，对面就是教堂和村政府。对于活动能力不断衰退的老年人来说，这个位置是最理想的。当然最关键的是村民把这栋新建筑当成自己的家一样看待。"外观搞得太繁琐的建筑不一定好，那样大家会把它看做异类而难以接受。认同是非常重要的，纯建筑美学是不够的"，弗莱解释说。之所以从一开始就邀请埃希斯泰腾村民参与项目规划设计，就是为了得到他们对建在老村子中心的这栋新建筑的理解。"诚然有些方面本来是可以别样布局的，然而通过这种方式为设计融入了更多的思路"，弗莱说。当时的角色分配是这样的：村民们利用他们的发言权，根据他们的生活阅历提出了部分具有创意的、部分异想天开的设计思路。弗莱担任主持人和聆听者的角色。在谈话中他对各种建议权衡利弊，找出最大公约数。他认为他的主要任务，是在共同讨论中为创新建议

斯瓦能豪夫必须充满活力，只有这样埃希斯泰腾的村民才会接受它。为此不仅需要好的地理位置，还要有村民的积极参与。

38

留出必要的空间。这种开门讨论的方式促进了创新，创建了理性，改变了一些原来的设计思路。

比如，工人已经上工地了，村长在一个周一的早上给弗莱打电话，他在星期天走访工地时反思，想让弗莱把设计的三居室公寓改小一点。他觉得两居室或一居室的小房间会更好一些。此外，活动室中间的那根柱子令他夜不能寐。问题很快得到了解决：周二早上村民联合会表决同意修改设计，接着就得到了落实。就在当天下午，活动室的混凝土柱子被移走了，第二天新图纸就送到了工地。"工地负责人和建筑师对于这种改动一般是不高兴的。而恰恰在此处就存在着包容性设计的机会"，弗莱说。正是由于双方严肃对待了村民的发言权，在斯瓦能豪夫没有出现过当地居

建筑师沃尔夫冈·弗莱在斯瓦能豪夫项目设计中也注意让村民参与意见。在规划中安排了临街原始外立面的改造工作，以便恢复历史原貌，获得村民的认同。

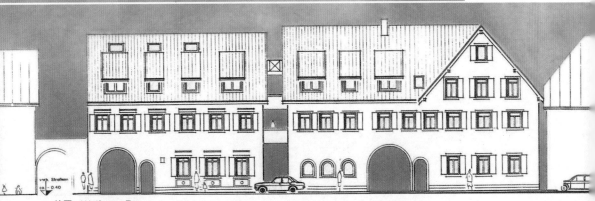

绘图：Wolfgang Frey.

…"我们"的感觉产生了，对于共同事业的
快乐增强了埃希斯泰腾人的团结…

摄影：Gustav Rinklin.

1998 年 3 月举行了
传统的上梁典礼。

民格格不入、袖手旁观的现象。他们不排斥这栋新建筑，而是马上把它当成了自己的家。"我们"的感觉产生了，对于共同事业的快乐增进了埃希斯泰腾人的团结。精雕细琢的建筑特点也起到了重要作用。这些特点使这个养老护理设施远近闻名，让人留连忘返。"我们与生俱来愿意和外人接触和交谈。我坚信，建筑师的任务就是要为此创造空间"，弗莱强调说。为了增进交流，仅仅选一块让人逗留的地方是不够的。如果真是如此的话，那么停车场就应该是最理想的场所，他说。我们需要一种以需求为导向的建筑设计理念，它所创建的场地和空间应该让人觉得舒适。这种场所能够让人避雨遮阳，有舒适的座椅，环境优美，充满生气而又不喧闹。这些基本原则被贯彻到当时的设计中。

老年人公寓被设计成一个小村落，一定不能把它和周边住户隔离开来。例如，不设将院内生活与外部世界隔离的院门。底层楼面分为多个单元，通过上面的楼层互相联结。过道上面的顶棚类似于连廊，形成全天候的活动空间。走廊不能设计成黑乎乎的死胡同或者荒凉之地。弗莱的设计时而宽大通透，时而紧凑低矮。斯瓦能豪夫的每个空间，不管朝里还是朝外都能够眺望院内景观，而且一目了然。今天，院内的空间不仅成为去往落户

埃希斯泰腾人没有排斥斯瓦能豪夫，而是马上把这栋新建筑当作了他们自己的家。

41

...老年人公寓被设计成一个小村落，
一定不能把它与周边住户隔离开来...

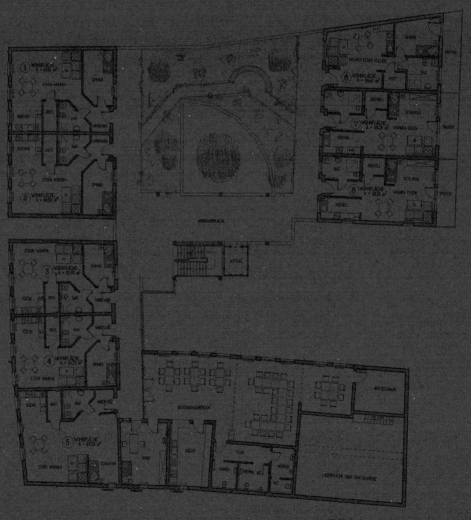

平面设计：Architekturbüro Frey

在斯瓦能豪夫店铺的通道，而且成为公共街区，把村中心与对面的住宅小区联系在一起。由于这种公共特色，行人和老年人公寓的住户和邻居一样有一种宾至如归的感觉。建成以来，许多孩子把公共通道作为他们上学的必经之路。而这里的住户看着那些五颜六色的书包，不仅有一种美的享受，而且感觉生活在其中。村长米歇尔·布鲁德尔在 2006 年一语中的：整个村子的人经常在斯瓦能豪夫来来往往，他当时对新闻杂志"明镜周刊"[7]如是说。人人都能看到里面的住户日子过得怎么样。就像建筑师术语所说的，无障碍老年公寓有宽敞的走廊和楼梯间。"走廊面积差不多占了整个建筑面积的一半。在标准的多住户公寓楼里，走廊会做得尽可能小，因为走廊是不能出租的，因而是无利可图的"，弗莱解释说。在斯瓦能豪夫，各种面积是按住户需要分配的。谁想去一楼的村民工作室或者去走访斯瓦能豪夫的住户，她可以选择走楼梯或者坐观光电梯。在这里，电梯的玻璃罩不是用来表现现代派的工具，它是为了让人更好地辨别方向。"一进入院子就可以看到要走的路，这样可以减少恐惧感"，弗莱解释说。然而，在以后的实践中还是有不同的意见，因为复杂的建筑师心理依赖性不像日常习惯一样容易袒露给外人。属于村民联合会董事会的扎比内·莱斯，一直在村民工作室工作。她就认为，电梯虽然很美，但不实用："它经常看起来脏乎乎的，即使专业擦窗户的人有些玻璃也够不着。村民和住户经常问，是不是有一种更聪明的擦玻璃方法。"尽管如此，前来参观斯瓦能豪夫的许多代表团却非常赞赏这部电梯，莱斯说。而且每个来访者无需解释都能找到理想的路径。

不管坐电梯还是走楼梯，来到上面的人都可以看到一个美丽的屋顶花园，那里摆放着许多凳子邀请你入座。像叶子一样的小路，建筑师称之为延长的村间小路，为你提供在小港湾里可以歇息片刻的座椅。这里小雨淋不到，寒风吹不着。屋顶花园是对公众开放的，但在内行人眼里好像又有点私密性，所以它满足了为需要护理人员提供安全空间的任务，同时又为住

弗莱认为建筑师的任务是要为人们创造舒适的生活空间。

43

...这里的住户，看看那些五颜六色的书包不仅有一种美的享受，而且感觉生活在其中...

老年人居住设施应该位于村子中心，那里有生活，能够听到孩子们的欢声笑语。

SCHWANENHOF

2.4m

摄影：Wolfgang Frey

户提供了身处公共场所的感觉，而不一定非要站到大街上去。斯瓦能豪夫只有三套公寓有纯私人阳台。从弗莱的眼光来看，这非常重要。因为当你走出门会遇到其他人的话，你就不会感到孤独，就像许多生活在城里的老人一样。所以建筑事务所在这个项目上也设置了许多椅凳，并把它们放在港湾式楼道里。"这些椅凳在屋顶花园和港湾式楼道里经常变换位置。这就说明，我们的想法起作用了"，弗莱高兴地说。门前的绿色符合人对自然的向往。"在港湾式楼道的建筑结构上种植了花草，提升了居住品质，让人留连忘返。这不仅仅是因为植物给予空间一种友情魅力，而且也能起到调节小气候的作用。"[8] 按照弗莱的五指原则，屋顶花园的创意寓意着生态和社会这两根指头。

在活动室里还有一张大桌子，可以在那里品尝咖啡，做手工，还有阅览角，一架钢琴可以让大家度过一个音乐午后，那里还有足够的位置可以举办适当的家庭聚会。

为了促进社会可持续发展，建筑师为增进住户相互交流创造了条件。在建筑专家的眼里，好的建筑设计可以增进"具有偶然性特征"的相遇机会。这种相遇可以在无意间引起交谈。在斯瓦能豪夫，信箱被放置在一楼的雨棚下面，这样可以让住户时常见面，攀谈几句。据扎比纳·莱斯说，公共活动室里的分隔墙很实用，可以在需要时拉上，让两组人员同时在房间里开展活动。"比如前面是日托老人，后面可以做操"，莱斯解释说。当然有些老人有时候会觉得太吵。有时候会因为音量太大而造成冲突，发起者们清楚这一点。"我们之所以选择了斯瓦能豪夫，是因为它位于村中心，那儿热闹。包容式老年公寓设施不应该笼罩在死气沉沉的氛围中，而是应该让老人听到买卖的吆喝和孩童的欢声笑语"，建筑师强调说。否则斯瓦能豪夫也可以建在村边，远离喧闹也远离生活。

...建筑师为了促进社会可持续发展，需要为住户创造相互交流的环境。在建筑专家的眼里，好的建筑设计可以增进"具有偶然性特征"的相遇机会...

摄影：Judith Köhler

雨棚下面的信箱放置在一楼，也可让住户时常见面，攀谈几句。

摄影：Architekturbüro Frey

…斯瓦能豪夫只有三套公寓有纯私人阳台。从弗莱的眼光来看，这非常重要。因为当你走出门遇到其他人的时候，你就不会感到孤独，就像许多生活在城里的老人一样…

就在附近，只要走几步楼梯，在二楼为住户准备了一个保健浴池。"由于害怕摔倒，经过与工作组的多次讨论，决定设立一个公共浴池，房间里不设浴盆"，弗莱解释说。斯瓦能豪夫内的每套公寓都有一个无障碍淋浴房。紧挨在边上有一个为来访者准备的客房，收取不太高的住宿费。

在斯瓦能豪夫底楼的商铺也生机勃勃。项目建成以来，已经有储蓄所、葡萄酒合作社、旅行社、花店、诊所和包容式咖啡馆[9]入驻。周边环境应该温情脉脉，并且与斯瓦能豪夫融为一体。"外部形象会影响人的心态。由于我们期待有好的心情、愿意和他人聊聊的行人，所以我们对入驻商店可能产生的影响进行了仔细考量"，弗莱说。旅行社很合心意。"我们想，来预约度假旅游的人心情一定是比较愉快的，情绪是高涨的，在预约成功后一定会愿意和人聊聊"，建筑师继续说。斯瓦能豪夫的布置有意识地吸引公众来访——精致的橱窗设计和店铺入口迎接着埃希斯泰腾村民和客人在院里散步购物。两层楼的沿街立面在改造时也注重与总体设计相协调，改造后的外立面保留了历史痕迹。它应该与街区景象相熨帖，却又能透射出隐藏在外立面后面的是一间间小住房。设计团队是不会采纳表里不一的建筑物的。"当你看到外立面的时候，你就应该知道这栋建筑是做什么用的，你的认知不应该被假象所蒙蔽"，弗莱强调说。

当你透过外立面往里张望时，你今天也会发现一个由里而外的生动景象。最好的例子是露特·希思自己做的果酱，她自2011年初以来就住在斯瓦能豪夫。她每天把大大小小各种颜色的果酱瓶摆放在一张小桌子上，有红色的覆盆子酱、深色的黑莓酱和蓝色的蓝莓酱，还有黄色的楄梓果冻和红色的醋栗果冻。小瓶2欧元，大瓶3欧元。左边放着一个有硬币槽的绿色钱盒。露特·希思相信人。"还从来没有过拿东西不给钱的"，她说。希思果酱摊的左边还有一张小桌，上面放着应季水果。这是原来的房屋管理人一

斯瓦能豪夫完全有意识地对公众开放。底楼商店邀请过路人前来购物，使斯瓦能豪夫充满生活气息。

...在活动室里还有一张大桌子，可以在那里品尝咖啡，做手工，
还有阅览角，一架钢琴可以让大家度过一个音乐午后，那里还
有足够的位置举办适当的家庭聚会...

斯瓦能豪夫活动室
丰富多彩。比如有
午后钢琴演奏或者
组织每周两次的日
托活动。

摄影：Brigitte Ziser

家在卖。他们自己还保留了农耕和果园。依达红苹果每公斤 1 欧元。边上放着一个带硬币槽的红色钱盒。

社会结构学

人口老龄化和社会转型正在改变我们的相处形式，有些方面甚至是根本性的：家庭越来越小，独居者越来越多。世界观越来越开放和多元化：不再有基督教教区和天主教教区之分。不同种族、信仰和文化人群的共处日益成为我们城市、社区以及村镇的特征。那么如何保证社会团结，如何创造共处的机会，如何保障安全感和归属感，又如何创新呢？这个问题在今天困扰着许多村镇、村长和村委会。这里不仅涉及建筑学，也就是如何使建筑设计更具吸引力，而且涉及社会结构学，后者意义更加重大。埃希斯泰腾在这方面也是时代的楷模。他们过去和现在都把新的建设项目与新的社会结构学紧密地联系在一起。许多大一些的村镇把有照料的居住作为解决老年人就地养老的办法。但是，人们很快把照料变成了有照料的居住：有照料居住的传统设施往往无法满足对于帮困、社会接触和归属感的期望。埃希斯泰腾却是另一种景象：这里把有照料的居住纳入了村民联合会的工作范畴。联合会负责照料，保证义工服务，维持廉价的照料服务，并关心养老护理中心与本地文化的融合。对阿德勒加藤的居住组采用了相同的方法（参见第 7 章和第 8 章）。这里住着失智老人，我们不能把它像一个孤岛一样与世隔绝。阿德勒加藤也紧密地纳入了村民联合会，保证居住组的男女居民成为这个大家庭的一员。他们也将继续属于本地的村民。就像斯瓦能豪夫和阿德勒加藤那样，社会结构学不仅包括保障在"特殊居住形式"下的归属感。不管你住在哪里——绝大多数人都希望老来能够在他出生的公寓和他们的房子里生活——都能得到帮助。也就是今天人们所说的有照顾的居家养老。在现代社会，关心他人的优良传统面临着消亡的危险。一

社会结构学在今天越来越重要，因为社会共存和归属到一个团体即使对于老年人也扮演着重要角色。

摄：Daniel Schoenen

...社会结构学不仅仅包括在》特殊居住形式下的归属感保证《...

种能够增强安全感和归属感的社会结构学，应该鼓励谨慎地关心他人生活，在居住地附近提供帮困服务设施，开辟聚会场所，提供富有活力的文化生活，并能获得当地各类人群的广泛响应。这不应该是无序的，所以需要投资。但是这些投资是可以得到回报的，不信可以去埃希斯泰腾看看。

村民联合会

一个村子接过了代际契约

在初始阶段，对于斯瓦能豪夫养老护理中心的法律形式展开了热烈讨论。格尔哈特·基希勒强调，最主要的是应该贴近村民，并且由村民共同承担责任。此外，还必须保证护理质量，并尽量争取与社会救助站开展合作。在将近三年时间里，埃希斯泰腾人设想了所有可能的方案，开展了深入讨论。然而，参与讨论的福利机构和养老院经营单位提出的要求违背了发起

人的意愿：固定的来访时间，没有夜间会诊，只允许经过专业培训的人员承担护理工作。发起者和埃希斯泰腾人对这个题目讨论得越深入，他们就越明白：必须另辟蹊径。因为，如果让外人来投资，村里的事务就会让外人来做主，这是他们不想要的。当福利机构代表护理行业向埃希斯泰腾转达回绝的通知时，村子经受住了打击。而他们本来就想走自己的路。现在的目

摄影：Daniel Schoenen

在斯瓦能豪夫竣工奠礼上种植了一颗小椴树，这是乡村广场的传统树种。

标是，要把埃希斯泰腾的"私人性质机构化，并铸造出一个体现村民自治的结构"，弗莱解释说。经过长时间"在迷茫"中摸索，遴选出了两种经营模式，供村民选择：合作社或者联合会。最后决定以村民联合会的形式来经营管理斯瓦能豪夫项目。"联合会的管理工作量比合作社小"，基希勒陈述了决定选择联合会形式的原因。当然，入会和退会应该简单方便。

基希勒得到了村委会的支持。村委会始终坚定不移地支持他的计划。此外，他也得到了赞成团队的支持，他自己也把这个支持团队称作为"先锋队"。他们为在村里建设养老护理设施而努力，因为他们不仅认为这个主意好，而且也认为这是十分迫切需要的。"当然也有犹豫的人"，基希勒承认：有人说他们不需要，不想要，这一切都太贵了。他们形成了与先锋队的对抗极。先锋队中的一些人成立了一个工作组，负责编写未来村民联合会的条文。开了许多次会议，经过无数次讨论，形成了有 13 个章节的联合会章

程，基希勒说。州市民参与网络给予埃希斯泰腾村民联合会非常有力的支持。在联合会中实现的许多原则对州网络的示范村镇也有重要借鉴意义：参与者找所有村民谈话，村长、村委会、管理部门和村民形成了新的合作模式。埃希斯泰腾很快成为巴登符腾堡州的模范乡村，而且其示范作用远远超出了州的范围。

1998 年 3 月 9 日时机终于成熟：从规划开始经过五年努力，展示村民团结的"埃希斯泰腾村民联合会"终于成立了。他们没有把社会任务交给福利机构，而是就像基希勒、弗莱和希曼扎克三驾马车一开始就设想的那样，由村民自己承担责任。正像章程前言所述，村民联合会的目标是，"…由男女村民共同行动来应对村里存在和产生的社会任务和困难"。斯瓦能豪夫应该发挥村民中心的作用，而不是一件可遇而不可求的艺术品。所以，基希勒书面邀请埃希斯泰腾的所有家庭参加成立大会。"响应是压倒性的。来了 300 多人，其中 272 人是创始成

员",他兴奋地说。成立一个联合会一般只需要七个人。从 1975 年以来担任村委会主任,现在又是村民联合会会长的阿尔伯特·司密特补充说:"一大批人成为创始成员,这增强了我们的信心。我们同时也清楚,村民联合会必须为全村人服务,才能在村里得到长期支持。"今天村民联合会成员增加到了近 500 人。换算一下,村里几乎有一半家庭入会,而且它融合了所有宗教和政治社团,托马斯·克里领导下的研究证明了这一点。

在村民联合会成立前,基希勒就向没有零距离参与斯瓦能豪夫诞生过程的村民通报了详情。他想出了一个标语"一个村子接管了代际照顾契约",并且将他的想法传播到了整个镇子。每个埃希斯泰腾人都应该有被打招呼的感觉。"把通俗易懂的概念传播给公众很重要,这样可以让人们深入理解村民联合会的目标和目的",早年的村长强调。为了传播这些思想,除了在镇报上发布信息和举行介绍会,还印发了小册子。来自护理和照料部门以及邻近村落的先锋队员们积极地为跨代服务项目做广告。格尔哈特·基希勒成功地把村里所有可能的人都请到了一张桌子上,鼓励他们参与这项社会任务,无论是农村妇女还是红十字会,司密特说。

如果今天有人问基希勒,为什么这一切运转得这么好,是不是埃希斯泰腾人比其他村子的人更加助人为乐,他会使劲摇头予以否认。"埃希斯泰腾人没有比其他人更加助人为乐。他们只是创造了一种制度,这种制度可以调动每个人的积极性并使之付诸行动",他解释说。特殊之处在于,基希勒继续说,村民联合会是一个村子的联合会。埃希斯泰腾人以自治方式接管了照顾村里老人的责任。"实际上他们成立了自己的福利小团体",基希勒强调说。所以,其他地方也对这种方案感兴趣,是预料之中的事。有些村镇虽然还没有下决心,基希勒说,但有些地方已经采纳了埃希斯泰腾村民联合会的一些元素。这里需要注意的是:这种成功在埃希斯泰腾也不是一蹴

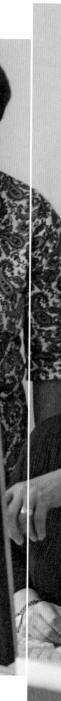

摄影：Brigitte Ziser

村民办公室把村民联
合会的工作管理得井井
有条。从左到右：黑尔
加·贝尔，里塔·斯普
里西和萨比纳·莱斯。

> ...联合会的目的是鼓励老人、残疾人和年轻人互帮互助，增进代际沟通，促进村社区承担社会责任...

而就的。村民联合会的成长用了 13 年的时间。发现问题解决问题，取长补短，直到形成一个能够准确满足村子需要的完整方案。"这是一个持续完善的过程"，司密特强调。现在专业人士也在传扬埃希斯泰腾的方案：德国和瑞士许多村镇都希望学习这方面的经验，村民办公室的萨比纳·莱斯也证明了这一点。每年有大约 40 个团组来访，村民联合会的男女工作人员常年被邀请到德国各地去做报告。基希勒补充道："现在，村民的脑子里都在思考'我想怎样变老？'的问题。许多人一想到养老院里那种程式化而不是照顾个性需求的生活方式就不寒而栗。"所以许多小村镇在苦苦寻求替代方案就不足为奇了。

然而，村民联合会不应该仅仅成为对外闪光的样板。承担责任和为此创造必要的结构也将埃希斯泰腾人更紧密地团结在一起。"村民联合会良好的形象稳固了村里的社会文化"，基希勒说。强烈的捐赠意愿表明村民非常认可村里的这种社会设施。

村民联合会组织以联合会章程为基础。"联合会是为了鼓励老人、残疾人和年轻人互帮互助，增进代际沟通，促进村社区承担社会责任"，联合会章程这样写道。村民联合会属于公益组织，因为"它并不首先追求自身的经济利益"。每个自然人或法人，只要提交书面申请，经董事会批准，就可以成为会员。理事会由四人组成，包括理事长、副理事长以及一个财务人员和一个文书。联合会的其他机构有成员大会、顾问委员会和由 12 人组成的管理委员会。后者由成员选举，任期两年，可以连任。管理委员会的任务主要包括针对各种重要事务为理事会出谋划策，监督成员大会决议的执行。对于联合会的经费，章程第 10 节有明确阐述："联合会的经费来自会员费、捐赠、政府拨款和收费。"[10]

联合会的对外窗口是村民办公室。"我们知道，村里需要一个地方，接待来访群众，提供专业咨询和中介服务"，原来的镇领导如是说。村民办公室现在成了村社会事务接待室，不管你是

...现在村民联合会提供住家或在斯瓦能豪夫养老护理帮助，以及每周两次的老人日托服务和在核心时段的学龄儿童看护服务...

服务内容还包括
看护学龄儿童

摄影：Brigitte Ziser

不是联合会成员都可以得到服务。

在日常工作安排中必然会有这样那样的问题，比如在护理服务方面村里谁的潜力最大。孩子已经出门，或者已经上托儿所和上学，现在又想出来做点工作的中年妈妈是养老护理中心的主力。"我们想，这类妇女应该有兴趣再出来做点事"，基希勒说。老年学家称这类人群为"年轻的老年人"。在"时代变迁的新文化"这本书中，作者布吉恩·斯文特科尔和吉姆斯·奥佩尔强调，有充分的理由希望，"健康、有服务和工作能力的生命时段会像寿命预期那样迅速延长。"一个今天 50 岁的人像 1970 年时 40 岁的人一样精力充沛，一个 65 岁的人像当时 55 岁的人一样康健，书中继续写道。所以，斯文特科尔和奥佩尔得出结论："老人 […] 越来越活跃和敏捷，而且老年人能够（也愿意）比以前承担更多的社会责任。"[11] 所以，基希勒和他的同伴把宝押在了这个人群以及有小孩又时而想做点小活的妇女身上。

社会工作者哈尔布特·哈布勒－迈尔为村民办公室设计的框架条件至今仍然有效。她受聘时的基本工资是 240 马克，并把当时尚在初始阶段的联合会组织起来了。她没有抓护理工作，而是把主要精力用于建立内部管理制度上。她找埃希斯泰腾的人谈话，问她们是否愿意一起干。她是从外面请来的中立人员，比较公正，所以得到了大家认可，这一点非常重要。在她指导下，联合会本来迟疑不决的发展得到了有力推动。比如，有效防止了一些过于性急的人用他们特殊个人兴趣来主宰养老护理中心的工作，另一方面又把小心谨慎羞羞答答的人团结到了中心来。早期就积极投身于村民联合会工作的还有萨比纳·莱斯和黑尔加·贝尔。今天她们和里塔·斯普里西一起管理着村民办公室。村里最重要的工作是宣传工作，要向村民宣传联合会的任务和服务内容，莱斯说。村民办公室始终有人倾听村民的询问，他们的困难或者建议。

现在村民联合会提供住家或在斯

> » 当然这一切都不是一蹴而就的。不断地有新元素加入进来。村民联合会力求调动社会上的一切力量《

米歇尔·布鲁德

瓦能豪夫养老护理帮助，以及每周两次的老人日托服务和在核心时段的学龄儿童看护服务。紧邻中心的"阿德勒斯加藤"还能让 11 位埃希斯泰腾失智老人即使在需要深度护理状态下，继续住在村里。"当然这一切都不是一蹴而就的。不断地有新元素加入进来。村民联合会力求调动一切社会力量"，现任村长米歇尔·布鲁德解释说。

村民联合会——是一种合作社吗？

德国宪法支持城市和乡村自治和自立，见基本法第 28 章第 2 段。在德国市政宪法的悠久传统中，城市和乡村承担两项任务：它们是管理机构，比如负责建设项目的审批，执行联邦和州的法律。这类任务一般在地区和地区管辖的乡村之间分配。第二项任务，也就是乡村的第二张面孔，是自治任务，这是它具有合作社性质的一面。这里涉及公共生活管理的方方面面，从消防到垃圾清运，从商业布局

到地方社会保障。这种乡村合作社传统绝对是一种宝贵的传统。然而，近几十年来，随着全国性机构如医疗和护理保险机构接管福利国家的任务，上述传统正与乡村渐行渐远。国家通过法律调节社会服务和质量标准，保障退休金和基本养老保险的最低水平。这是福利国家的成就。但是，这种成就是有代价的：乡村面临着失去作为生活场所和共同生活管理场所的作用。和其他许多乡村一样，埃希斯泰腾对此竖起了停止牌。他们没有把处理人口老龄化问题的重要任务交给联邦和州，或者转交给以赢利为目的的住房和护理机构。埃希斯泰腾和它的男女村民愿意自己管理自己的事务，从而又回想起他们生存地合作社性质的渊源上。这可以追溯到中世纪。19 世纪中叶，德国的来富埃森合作银行在救济农村贫困人口方面发挥了重要作用。他们成立了第一个互助联合会。按照自助、自治和自我负责的基本原则，在全国发起了一场（自由的）合作社运动。在这场运动中又派生出了消费

照料任务

…按照乡村自治传统，并吸纳了合作社的自助、自治、自负责任的原则，村民联合会接手了》照料任务《这种照料任务在未来数十年里将会越来越重要，越来越繁重…

合作社，这个合作社迄今依然存在。当前，合作社正在复兴。1980 年代末以来又开始讨论老年人合作社，许多地方已经成立了。残疾人也成立了助残合作社。负责本地风电和太阳能发电装置运行管理的能源合作社更是欣欣向荣。埃希斯泰腾的村民联合会也有点像合作社：它为埃希斯泰腾管理照料问题和互帮互助做出了重要贡献。从核心时段对在校生的看护到住在阿德勒斯加藤失智老人的照料。按照村镇自治传统，并吸纳了合作社的自助、自治、自负责任的原则，村民联合会接手了"照料任务"，这种照料任务在未来数十年里会越来越重要，越来越繁重。埃希斯泰腾没有选择合作社的法律形式，而是依照原来的教会医疗护理联合会的形式，成立了新的联合会。在此期间，许多地方成立了"真正"的合作社。合作社的思想没有和联合会的法律形式相绑定。关键在于，无论是村民联合会还是合作社都应该获得广大民众的支持，应该吸纳大量会员，才能保证我们的服务不仅能满足多数人的需要，而且能够为需要和愿意的全部男女村民提供就地照料服务。乡村层面的合作社是不容易做到的。埃希斯泰腾成功了：大部分家庭是村民联合会的成员，他们把联合会看做是一种保险，或许将来会得到它的照料。

在斯瓦能豪夫的生活和工作

村民们为之肃然起敬

为了能够适当把控村民联合会的新任务,村委会当时找村子里的帮工[12]萨比纳·莱斯和她现在的同事黑尔加·贝尔谈话。莱斯具有家政知识和组织才能。贝尔是埃希斯泰腾本地人,接受过护理培训,在自己家里护理过重病人,因而很有经验。后来又来了里塔·斯普里西。她是一个退休人员,加入团队很合适,而且她愿意用她的空余时间做点有意义的事。最初几年,所有三个人均以低薪方式工作。现在搬到了老年人护理中心一楼的村民办公室管理一切日常事务。随着时间推移,逐渐形成了分工。萨比纳·莱斯主要负责组织邻里互助和人员。黑尔加·贝尔负责"阿德勒加藤"护理组的正常运行,这是 2008 年斯瓦能豪夫扩建为有照顾的居住时新增加的。护理组的 11 个床位是专门为深度失智老人准备的。里塔·斯普里西为她的同事在日常事务中提供帮助,内容多变,常常暗藏惊讶。"普通的一天是没有的",萨比纳·莱斯说。她周一、周三和周四当班。一会儿住户有问题找来了,一会儿需要准备接待参观团组,正忙的时候电话铃又响了,还要定期检查生命迹象监视装置。

生命迹象监视仪是一种运动检测器,安装在斯瓦能豪夫的每一套公寓里。它装在浴室的门上。当一个住户夜间或清晨使用浴室时会记录下来。在根据住户愿望将"生命迹象监视仪"激活后,如果到上午 10 时房间里还没有动静,红色警告灯会闪亮。沃尔夫冈·弗莱希望多一项安全措施,而不仅仅依靠求助按钮。"当我心肌梗死躺在床上或者摔跤大腿骨折时,我是无法够到求助按钮的。最重要的是,即使房间里没有发出求救信号也应该能够识别是否有住户失去了行动能力",他解释说。

作为村里的接待室,村民办公室的业务面非常宽。在这里工作的女士们基本上要管理整个村民联合会的事务。除了完成各自的重点工作,还要处理各种日常事务:行政管理、租赁合同、物色人才、招聘谈话以及排班和工作会议。10 号房间的龙头漏水了?萨比纳·莱斯电话呼叫管家。填写护理申请表格时有不明白的?黑尔加·贝尔知道如何解答。打印纸用完了或者圆珠笔不出水了？里塔·斯普里西出去采购。介绍帮工也找村民办公室，不管是哪个住户在洗澡、购物还是在擦洗东西时需要帮助，还是需要有人陪着去看医生，都来找办公室。在分配看护人员时，需要有敏锐的鉴别能力。每月开一次排班会。在做新的排班计划时，萨比纳·莱斯需要事先缜密地考虑好，哪个员工最适合做邻里互助。"我知道妇女们的强项在哪里。有人特别适合做护理工作，所以遇到这种情况就找她。对于行政事务工作我就找别的人"，莱斯解释说。做了几次以后，就会清楚两个人是否合得来，是否可以继续这样安排。正常情况下，有两到三个妇女负责斯瓦能豪夫的一个住户，当然有时也有例外。"我的工作最有意义的是和人打交道"，莱斯说。能够看到村里日新月异的变化是多美好啊，她继续解释并回忆道：先有斯瓦能豪夫，后来又有了阿德勒斯加藤，2012年一家面包咖啡店的初始方案转化成了包容式咖啡馆。同时，当我在斯瓦能豪夫工作时，从来不完全是私人行为。"不管在村里的庆祝活动上，还是在购物或在药店里：总会有人找你问事"，她说。这就是乡村生活，就像给腿脚不便的人从街边集会上端一块洋葱蛋糕一样。而日渐滋生的官僚则让人有点不快。主要是财政局总是让我们填写新的表格或者又有什么新的规定。这对村民办公室是一项挑战，因为处理这些事往往需要许多专业知识。"每年有新花样给我们增加工作难度"，莱斯抱怨说。

2011年有12位妇女为村民联合会的邻里帮困工作。这项义务工作多年来一直比较稳定。然而，由于这些妇女们做了这么多工作，仅仅用"谢谢"已经不够了。所以，她们每小时获得8欧元的报酬，而为村民联合会成员服务的收费是每小时13.50欧元，对非成员收费为每小时14.50欧元。差额部分用于缴纳社会保险和管理费。对于这种所谓的"半荣誉岗位"虽然有争议，莱斯说，但是村民办公室的工作人员以及格尔哈特·基希勒、米歇尔·希曼扎克和沃尔夫冈·弗莱则坚持他们的立场，从事有责任的工作

邻里帮困团队。
每个月开一次排班会

摄影：Brigitte Ziser

》一种良好的感恩文化非常重要《

萨比纳·莱斯

必须给予报酬。"对于这种荣誉工作是否应该保持无偿的问题，我们讨论了很久。最后我们决定，这样的工作必须得到资金报答。只有这样，我们才能对服务人员的可靠性提出要求"，弗莱强调。莱斯补充说："村民联合会的妇女们本来就已经做了许多义务工作，有时候她们不是记一个半小时而是只记一个小时工时"。而老人们也愿意对提供的帮助向她们表达谢意，因为他们知道，妇女们愿意从事她们的工作。然而，不能仅仅依靠金钱来调动积极性："一种良好的感恩文化是非常重要的"，萨比纳·莱斯强调说，她的同事黑尔加·贝尔表示同意。所有参与邻里帮困妇女的工作量虽然已经非常饱满，

69

...没有人因为害怕老来无人照顾而从埃希斯泰腾搬走...

但是她们的积极性不能因此而松懈下来，这是村民办公室的信条。"我们经常组织郊游，共进晚餐或者一起喝杯葡萄酒"，莱斯说。尽管得到了村里人的认可，村民办公室展望未来心绪仍很复杂。

有照料的居住是一种正在消亡的模式，不久将被超越，对于这一点工作人员和发起者的认识是一致的。"在埃希斯泰腾，通过邻里帮困、车辆服务和社会救助站提供的服务已经非常周全，使得村民们只有在非常年迈和病得必须送养老院或像阿德勒斯加藤这样的居住组接受 24 小时看护时，才会离开他们的家"，黑尔加·贝尔说。入住斯瓦能豪夫的年龄限制为 60 周岁。"但是，今天 60 岁的人大多还非常健硕，还不愿意入住斯瓦能豪夫"，她强调并补充道："可惜，村民们只有到了非常年迈的时候才来，这样就很难适应新的生活环境。早点搬来肯定是有好处的。"斯瓦能豪夫也会给从外面搬来的埃希斯泰腾村民提供帮助，将他们的老年亲属接来住在他们附近。比如因格利特·毛雷尔。她在 30 多年

前搬到埃希斯泰腾成立了家庭。当父亲 2005 年去世后，她看到母亲一个人照料黑森州瓦鲁夫的房子很困难，就把她接到了埃希斯泰腾。当然，新来斯瓦能豪夫的人需要填一份详细的表格。除了一般信息如姓名、出生日期和家庭状况外，还有宗教信仰以及直系亲属或熟人、家庭医生、特殊疾病和常用的主要药品。但是这些信息对于村民办公室还不够。目前正在找每个住户询问他们的生活意愿，问他们在发生意外时需要怎么处理，比如更愿意找家庭医生还是急救医生，或者希望请哪一位牧师。村民办公室认为，对于这类事情，事先了解他们的意愿非常重要。

充满智慧的护理组合

70% 居家护理人员不需要专业护理机构的帮助，而是主要依靠家庭，有时需要邻居帮助，或者经济条件好一点的请个护工。而在养老院则完全是另一番景象。在这里，亲属和义工不起作用：一切均由专业人员来完成。

养老院承担全部护理责任，包括对护理质量的责任。这里是家庭照顾，经常不用外来人照顾，而养老院则完全专业化：这种比较已经过时了。家庭也需要帮助，陪护或者护理。而养老院也会请亲人帮助，用义工，以保证养老院里老人的归属感和生活质量。现在经常谈论的是一种新型的护理组合，也就是由家属、邻居、朋友、职业帮工组成的护理组合。职业帮工包括狭义的专业人员如护理人员、医生、理疗师或者社会工作者，但也有兼职的家庭护工、私人助理等等。此外还有志愿者和义工。找这些人做一些重要的日常帮护，主要是为了让需要帮助的男女村民仍然被作为村民对待和得到尊重。我们了解这样一种对儿童和青年的照料组合：国家负责学校的运行，而音乐联合会或体育俱乐部则承担文化和体育教育方面的荣誉任务。家庭、邻里和朋友圈在日常照料和组织方面起核心作用。最后还有市场提供的补课、育儿或音乐课等服务。这样一种所谓的福利组合使我们能够为我们的子女提供多样性的、经济上能够承担的教育和管护任务。对于老年人和需要护理的人员也有这种服务组合。把邻里帮困、专业护理和近邻的家庭式帮助与国家资助、医院和保险机构服务智慧组合，是提供良好服务的关键。这种组合在埃希斯泰腾非常成功，男女村民对此肃然起敬。义工不是护理服务或护理院的配角。他们是社会结构师，他们是稳定护理组合的经理，并散发出一种自信。他们享受男女村民给予的信任并善于持家。净收益不是由经营者获得，社会净收益表现在，埃希斯泰腾的男女村民即使到了耄耋之年仍然能够住在家里，社会支出保持在非常低的水平，并且村民们信赖乡村的服务能力：没有人因为害怕老来得不到照料而从埃希斯泰腾搬走。

86 岁时福利达·奥尔夫
住进了斯瓦能豪夫。

摄影：
Brigitte Ziser

斯瓦能豪夫居民访谈录

»不去养老院－以前不去，现在也不去！《

　　福利达·奥尔夫是施瓦本人，1923 年出生在施瓦本山上的爱宾根村。43 年后，她和丈夫及两个孩子一起搬到了威斯巴登边上的瓦鲁夫。作为商务职员，她在那里一家纺织厂的办公室工作。同样在 43 年后，她又离开了她的第二个寓所，这是福利达·奥尔夫怎么也没想到的。然而，当 2005 年除夕她的丈夫去世并过了几年以后，她已经几乎没有别的选择。但是不能去养老院。福利达·奥尔夫坚定地说，充满着热情与诙谐。

为什么让您搬到女儿附近去住您觉得很难？

家乡就是家乡，家就是家，周边环境就是周边环境。这些不是那么容易放弃的。我简直无法说当时搬出来是多么的艰难。但是，在我丈夫去世后，我女儿一直想让我搬到埃希斯泰腾她那儿去住。只是：我不想放弃我在瓦鲁夫的房子。过了一段时间实在不行了。两个箱子，这是我43年后带走的全部物品。

在埃希斯泰腾最初的感觉怎么样？

非常糟糕。尤其是最初三个月。当时我身心疲惫。今天我又恢复了健康，非常感谢斯瓦能豪夫给我这么好的照料。但是，一开始我只住在我女儿那里，尽管从2009年秋季已经给我租好了房子。

您是不是害怕必须住到养老院里去？

当然我害怕养老院。我当时不愿意进养老院，今天也不愿意。要是我愿意的话，我也可以留在瓦鲁夫。但是那样的话我就不会像在斯瓦能豪夫那样自由了。我什么时候想出去就可以出去。我需要帮助的时候就可以叫人。

那么在经过最初几个月后您在斯瓦能豪夫就适应了？

今天我在这里感觉非常好。我女儿帮了我很大的忙，让我适应了这里的生活。她每天给我打电话，帮我买东西，每周至少5次接我到她家去。有时候上午11点，有时候下午3点左右。于是我就坐在那里的沙发上。孙子和重孙们过来看我。

和家庭保持紧密联系对您意味着什么？

我潜意识里有这种感觉。我知道今天下午会被接走或者有人来看我。或者有什么事的时候，我女儿五分钟就到了。再者，在我这个年龄还能有重孙，这是多么美妙的事啊。我真的非常幸运，我的孩子们都这么关心我。

您还有一个儿子住在瓦鲁夫？

是啊，他经常打电话问寒问暖，而且已经成为习惯了。在我女儿看来好像这都是完全正常的事，她常常对我说："你以前关爱我们，现在该轮到我们关心你了。"

您现在身体怎么样？

噢，我常常酸疼，没有助行器我几乎无法行走。有的时候我在房间里走上十圈，有时候我在屋顶花园上下走动，活动活动腿脚。有时候我穿过港湾式走廊到信箱取信。

在访谈过程中，希尔德加德·布拉科夫斯基坐到还放着刀叉的早餐桌旁边。从2003年开始，这个53岁的女士加入了邻里帮困队伍。她们两个每天早上一起吃早饭。将近9点钟，布拉科夫斯基到福利达·奥尔夫家一个半小时，帮她煮咖啡，铺桌子，洗碗碟。

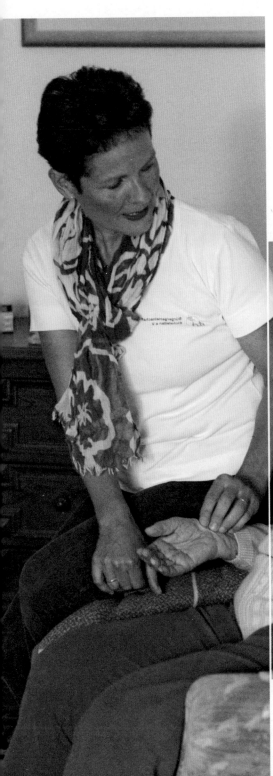

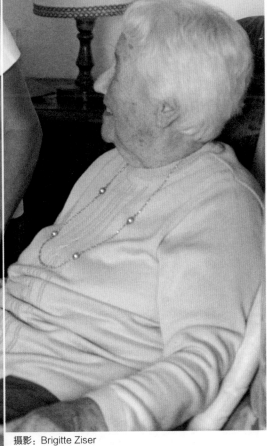

》我真的非常幸福，
我的孩子们都这么关心我。《

福利达·奥尔夫

摄影：Brigitte Ziser

》创造安全，获得自信《

希尔德加德·布拉科夫斯基是埃希斯泰腾人，四个孩子的母亲，护士。她发自内心地说："我是一个有助手综合征的人。"除了照料家庭外，她一直在工作。在把孩子拉扯大了以后，她就想为自己做点事。于是她加入了村民联合会，成为萨比纳·莱斯邻里帮困团队的一员，领取很少的工资。

在邻里帮困工作中您是怎么起步的?

开始时工作非常繁重。我一开始就护理重病老人,学到了很多东西,也得到了许多锻炼。但对我来说确实是一个巨大挑战。

您说您在完成新任务中得到了锻炼。具体怎么说?

以前我不敢去护理重病人。但是,我很快成了失智老人家庭不可或缺的帮手。我会正确操作并且认识到我确实能够帮助他们。这给了我自信。

是什么鼓励你这么做的?

助人为乐是一种美德。此外,我们也得到许多回报。大家都感谢我们。同时在这里工作也给我带来许多乐趣。

住户们最喜欢用斯瓦能豪夫哪些特殊的建筑设施?

电梯对于行走不再那么方便的老人是不可缺少的。天好的时候住户们喜欢坐在屋顶花园。甚至有日托班的老人还躺在外面晒太阳。户外很美好,住户们在他们的房间和屋顶花园之间自由走动,时而还聊聊天。

和社会救助站的合作怎么样?

很好。当然有的时候也有一些小摩擦,但是谈谈问题就解决了。

您都参加过哪些培训班?

开始是失智老人护理班,10个晚上。接着是家政和护理班以及动觉培训班,主要讲如何在床上正确移动病人。

家里对您的工作怎么看?

我们家全力支持我。我的丈夫尽量帮助我,我儿子甚至在接受老人护理培训。

每天上午探访奥尔夫夫人已经成为您日常生活的一部分。那您能得到些什么呢?

一起用早餐是最美妙的。这时候我们可以聊天,谈谈日常琐事,比如孩子们在做什么或者有些什么新鲜事。

福利达·奥尔夫坐在桌子对面倾听着我们的谈话,并不断点头认可:我们很处得来。

»助行器变成了火车《

从 1981 年以来，英格里德·毛雷尔和她的家庭生活在埃希斯泰腾。当她父亲 2005 年末去世后，她决定把她身体越来越差的母亲从凯泽斯图尔边上的住处接过来住。在村里听人说和自己购物时已经了解了斯瓦能豪夫的一些情况。当 2009 年有一套住房空出来的时候，这位有两个已经成年孩子的 62 岁母亲抓住了机会。

您怎么想到斯瓦能豪夫会适合您母亲？

有很多原因：首先我觉得她能在这里独立居住和尽可能自己照料自己很重要。养老院则不同，一切都有规定。在斯瓦能豪夫我母亲可以自己决定何时起床，何时吃饭或者出门。

为什么您没有决定请一个当地的护工？

这种护工只管身体护理。但是我觉得社会照料也非常重要，我母亲也是。所以她也同意搬家，但是：老树不能挪。真要挪的话，需要很大的耐心。

您最看重斯瓦能豪夫的哪些方面？

需要时我母亲可以呼唤照料。当然，我非常满意和幸运的是，她就住在我附近，我随时可以过去帮忙。

开始时您母亲很不习惯。在那段时间里您怎么样？

很不容易啊。我虽然发现她被照顾得很好，但毕竟没有在家的感觉。这种变化她一开始根本接受不了。她周围的人也理解她。只是对我来说几乎一样的难。我本意是为她好，但我没得到她的理解。

您是不是曾经问自己，把母亲接到埃希斯泰腾来是不是做对了？

是啊，我问过自己，但是没有别的选择啊。

为什么？

我母亲不再能够一个人在瓦鲁夫自己的房子里生活。她自己也感觉到了。我在瓦鲁夫和周边到处打听，去了天主教和基督教办的养老院，找了市政厅和护理机构。但是没有和斯瓦能豪夫类似的地方。

那您是怎么让你母亲习惯的呢？

我还真不知道最后是怎么成功的。好像搬了一下开关一样，突然她看到的都是正面的效果了。住在她女儿、孙子和重孙附近。我相信，她感觉到她在这里被照顾得"非常好"。但是她还是想念她的花园。

家里多了人您丈夫和孩子有什么反应？

我从一开始就让我家里人介入此事。在讨论我母亲去向问题时，我丈夫马上说，她应该来埃希斯泰腾。住在这个村里的女儿和住在比伯拉赫的儿子也表示同意。您知道家庭支持对我是非常重要的，因为我母亲几乎天天和我们在一起。

要是有时候您不在呢？

就由我女儿来看姥姥。这我都不用说。或者布拉科夫斯基会比平时多待一会儿。

姥姥和重孙们的关系怎么样?

今天非常好。"太姥姥,哈鲁太姥姥",当我母亲到我们这里来的时候,孩子们就这样欢迎她。开始时那个大的对曾外祖母有点嫉妒,因为我作为姥姥也会和我妈待一段时间。他害怕姥姥不疼他了。现在两个人相处得超级好。

孩子们对曾外祖母的生活环境有什么反应?

她们知道曾外祖母住在斯瓦能豪夫。我们过来的时候,她们会主动地跑过去给曾外祖母叫电梯。助行器一下子变成了火车。孩子们能够这样自然地体验老年人的生活,非常好。

布拉科夫斯基女士每天早晨来照料您的母亲。

她真的减轻了我们很多负担,而且对我们有一种安全感。因为这样我上午就有时间照顾我自己的家庭,同时我也知道我母亲很好,有人照料。

您平时是怎样给您母亲提供帮助的?

我给她洗衣服,出去买东西。除了周一和周三她在日托所,我都会在下午接她回家。斯瓦能豪夫对我来说真是方便极了,因为我住的地方离这里只隔三条街。

您母亲一想到阿德勒斯加藤就很恐惧。你们对边上为需要重度护理的埃希斯泰腾人准备的护理组怎么看?

保险起见,我在 2009 年就已经为我母亲在阿德勒斯加藤报名了。队排得很长。我相信当时她排在第 17 位。她现在往前排到了哪里我还不知道。

要是明天阿德勒斯加藤有一个位子空出来,您会怎么做?

问得好。现在我母亲还很健朗,我们还能照顾她。我当时给她报了名,是因为想哪一天她可能在夜间也需要护理了怎么办。在斯瓦能豪夫她虽然有呼叫按钮,但到那个时候可能已经不够了。

为什么村民联合会的原则在埃希斯泰腾能行而别的地方行不通?

这里人有一种"疯狂合作"精神,而且关心别人。他们言行一致,说到做到。 #

» 知道有联系人在我就放心了 «

　　从 2005 年以来，斯瓦能豪夫一套宽敞的一居室成了克里斯特尔·司密特的家。在阳光灿烂的日子，她坐在朝后面的阳台上尽情享受。她不想一人待在家里时，就坐到有遮挡的屋顶花园去，找人聊聊天。司密特是土生土长的埃希斯泰腾人。1970 年代中她离开村子，到普弗尔茨海姆附近的巴特里本策尔当布道团修女。1995 年回到家乡。

您搬进斯瓦能豪夫之前住在哪里?

住在村里我父母的房子里。几年以后我侄子决定对这个房子进行改造,我父亲当时也曾想过的。所以就给了我一个搬家的机会。

好多年前您遭遇过一次严重车祸。现在身体怎么样?

靠吃药状况还好。那次车祸发生在 1999 年。在下班回家的路上我得了脑溢血,失去了知觉,车子全速撞到了一棵树上。幸好这次车祸没有连累到其他车辆。

您哪来的力量来管理您的日常生活?

我的信仰给我很多帮助。40多年来我知道,我的生活不管是好是坏,都受到上帝很好的照料。

您怎么决定选择了有看护的住房的?

在我搬进斯瓦能豪夫之前,我是一个刺头。我周边的人很受罪。比如我有时候找东西没找到,就怀疑我周围的人。或者我在买东西,可是想不起来了,就怀疑商店蒙骗了我。斯瓦能豪夫的工作人员也发觉到了。她们给我约了一个女医生,对症下药。自那以后我的心理稳定了。

您从 2005 年开始就住在斯瓦能豪夫了。这里起步时的情况您也经历了一些吧?

甚至是零距离接触。当我又回到埃希斯泰腾时,我从村民联合会知道了这个项目。我虽然没有参加工作组,但我还是很感兴趣。当村民联合会成立的时候,我就成了会员。

斯瓦能豪夫的哪些地方让您特别喜欢?

最美的是我可以继续住在村里,离我的家和朋友那么近。特别是能定期见我的侄子和侄女以及他们的孩子对我非常重要。此外,联合会在斯瓦能豪夫做得非常好。每月我拜访一次邻居,我们就在一起吃点零嘴,聊聊天。最近有一次我在二楼的一对夫妇家里呆到了晚上十一点半。我们就那么随便聊天。真的好美啊。

》就跟在家里一样：内
部问题内部解决。《

摄影：Judith Köhler

两个人都住在一楼：洛
特·莎夫（左）和克里
斯特尔·司密特相处很
融洽。

您特别看重的是什么?

对我妹妹的孩子来说,我离他们这么近,我可以帮他们;另一方面我又离他们那么远,所以我可以独立生活。而且我也愿意独自居住。在这里我只要照料我的房间而不是整栋房子,多美啊!马路有人打扫,垃圾有人清理,洗手盆堵了有人清洗。这一切减少了我很多负担。还有一点我不能忘了:我们住的地方在村中心。紧挨着教堂和储蓄所,超市走路也能过去。

您有的时候也参加斯瓦能豪夫的活动吧?

很少。目前我经常出门,所以还不太需要村民办公室。我每周两次去我侄子家,他娶了一个芬兰老婆,生了三个孩子。家里事很多啊!我能帮他们做点力所能及的事,比如熨衣服,或者带孩子们一起去游乐场。我侄子和他们家人对我提供的帮助非常高兴,他常常对我说:"我们一定要好好保护你啊。"

那么说您不用村民办公室提供的服务?

不用,早餐或者下午喝咖啡时我有时也去。这个时候就可以和办公室的女士们畅聊了。此外,很重要的是,我知道当我有需要时有联系人在。

有没有您不喜欢的事情?

嗯,这有点难。我一时想不起来。当我们住户动肝火的时候,就去找村民办公室。就跟家里一样:内部的事情内部解决。

您是不是有时也过去看看"阿德勒加藤"护理组?

周六上午我在那里的厨房义务帮忙。总是很搞笑啊。生活在那里的人都会做些力所能及的事。只是有的人会把蔬菜切成了小小块,而有的又切成了盘子那么大。(司密特用手比划蔬菜块有多大。)不过我们总有办法对付。

您愿意搬过来吗?

是的!房间已经租好了。我愿住多久就可以住多久。[13]

》没有邻里帮困是不行的《

　　洛特·莎夫 89 岁，出生在石勒苏格益－赫尔斯泰因。虽然她在南巴登已经生活了 60 多年，但嗓音里仍然抖动着带有典型"尖石头"音的北德方言。说起此事的时候，她谈起了在海军的那段时间，她什么都干。当问她你现在老了是不是还想回北方去时，她使劲摇头并打手势表示否定："不，不，回不去了，我在这里住得太久了。"

您什么时候住到斯瓦能豪夫来的?

我是 2004 年搬来的。以前我住在胡格斯特腾。我男人去世后,我三个孩子给我找了一个新的地方。

…噢,后来找到了埃希斯泰腾。

是啊。我孩子觉得斯瓦能豪夫对我最合适。对他们来说非常重要的是,始终有人能够照看我。

您请村民联合会的邻里帮助吗?

没有他们根本不行。我行走很困难,膝盖动过三次手术。主要请他们帮我买东西、打扫卫生和洗澡。我自己一个人已经做不了太多事了。

您喜欢斯瓦能豪夫的哪些方面?

邻里关系非常好。天好的时候我们经常在外面坐到一起。另外我们在这里很自由,想做什么就做什么。

您也参加在斯瓦能豪夫组织的各种活动吗?

不,我嫌吵。但是有一点对我很重要,那就是我知道不是我一个人在这里。

有人来看您吗?

我孩子经常来。他们都住的离这儿不远,在海尔波尔茨海姆和侯赫多尔夫。

如果您再面临一次抉择的话,您还会搬来住吗?

搬来,是的,但我不会再搬出去!

》尽管已到了三级护理阶段，希思夫妇仍然住在斯瓦能豪夫《

露特·希思和她需要重度护理的丈夫赖因哈特住在斯瓦能豪夫已经快一年了。她和她老伴一起住在二楼紧挨着的两套公寓里。赖因哈特在诊断出脑瘤之前，有两个儿子的夫妇在村里经营着一家叫"乐思来－邮局"的旅店。由于希思是土生土长的埃希斯泰腾人，尽管有病，他一开始就决定：我们留在埃希斯泰腾。

您丈夫从什么时候开始接受医院治疗的?

肿瘤是在 2002 年发现的,接着就是放射治疗。有时候严重到我丈夫都不想活了。生病后他就需要护理了。今天他已达到护理三级,每天要绑尿不湿和洗澡。有时候他很不好,需要我喂他吃饭。幸运的是我不是一个人。我的伙伴帮我一起照料。

您为什么搬到斯瓦能豪夫来?

到 2010 年我们一直住在我们旅店的房子里。但是后来实在不行了。不是那么容易把一切都改造成无障碍适合轮椅车的。

2002 年到 2010 年这段时间您是怎么过的?

我有的时候觉得自己真的成了囚犯,因为我自己几乎出不了门。

那您现在又有时间了?

日子好过多了,因为在斯瓦能豪夫一切都是无障碍的。这真的减轻了很多护理的负担。而且,我丈夫每周有三次 10:00 到 18:00 到日托组。每周一和周三在埃希斯泰腾,每周五在巴林根。在那里练习体操,一起唱歌,共进午餐。

除了斯瓦能豪夫您觉得还有别的选择吗?

真的没有。因为我们无论如何想在埃希斯泰腾住下去,所以没那么大选择余地。

在您住过来以后您卖果酱。账目都能对得上吗?

绝大多数能对上。至少我这里还没有人拿东西不付钱的。果酱没丢钱也没少。我相信人。村里有许多卖东西的小铺子。比如说在"奔牛岭"饭店对面有个卖水果和蔬菜的店铺。在那里我很愿意买我需要的东西。黑板上写明了所有物品的价格。我把钱就放进边上的钱盒里。

您怎么想到在斯瓦能豪夫卖果酱的?

煮果酱是我的一个喜好。以前我们在经营带早餐的旅店时,我经常把我做的果酱卖给住店的客人。

您在埃希斯泰腾的业余时间都做些什么?

天好的时候我们出去散步。我们的狮子狗法尔寇一直陪伴着我们。我们最喜欢去"猫头鹰城堡",那是一个属于我们的小院子,离火车站不远。那里挂了好多木头雕刻的猫头鹰,所以起了这个名字。那里我们有一个花园小木屋,我们喜欢在夏天去那里坐坐。有的时候冬天也去,带上咖啡和蛋糕,把小炉子点着。

楼上你有两套挨着的公寓,你的阳台也就是港湾式过道很大吧。

夏天基本上成了我们的第三个房间。上面二楼也不是经常有人走过。由于港湾式过道是有顶棚的,所以只要天好,到了深秋我们还常常惬意地坐在外面喝咖啡。

》在斯瓦能豪夫一切都是无障碍的，
所以过日子容易多了。《

露特和赖因哈特·希思
在斯瓦能豪夫他们的
公寓里。狮子狗法尔
寇陪伴在他们身边。

摄影：Judith Köhler

» 能时不时的见到孩子们
是多么好啊。 《

埃纳·许格林和她两个儿子中的一个在埃希斯泰腾住了 8
年，2009 年 7 月决定搬到斯瓦能豪夫来住。许格林出生地
离这儿很近。她是在离埃希斯泰腾只有 10 公里的伊林根长
大的。1952 年和她丈夫及两个孩子搬到了弗赖堡。除了料
理家务，她在莱辛学校当清洁工，挣点钱。现在她 82 岁了，
成了有 5 个重孙的曾祖母。

您能经常看到您的重孙吗？

我的孙女时不时的带着她的孩子过来看我。四个男孩一个女孩。这一下子就热闹起来了！

您说说！

很美啊，如果能时不时的见到这些小的。于是，一个喊着："姥姥给我开电视，我要看儿童节目。"我的孙女帮我做点家务，换床罩或者洗碗。

您和孩子们关系如何？

我的一个儿子住在伯钦根，我们关系很好。他有时打电话，有时来看我或者礼拜天接我做一个小的郊游。对我的两个儿子来说，我 2001 年搬到埃希斯泰腾来住很重要，因为他们不是总能够经常来弗赖堡看我。

您怎么知道斯瓦能豪夫的？

从护理服务部门了解到的。一个工作人员跟我说，那里正好有一套公寓空出来，并告诉我去找村民办公室。现在我已经在这儿住了几乎两年半了，感到十分舒服。我马上跟这里的人联系上了，他们真的都很乐于助人。夏天，住我旁边的沙尔夫太太和我喜欢坐在屋顶花园里，享受美好的天气。

您业余时间是怎么过的？

噢，斯瓦能豪夫每天都有活动，特别棒。每周一和周三去公共活动室用午餐。饭菜一直非常好，无可挑剔。周二我去健身，要不我就猜谜语或打毛线。下午的咖啡和蛋糕我不经常参加，因为我有糖尿病。

听起来排得很满啊。

真的内容丰富多彩。我到这里来一点都不后悔，因为在弗赖堡没有这种形式的住处。

您利用村民联合会提供的帮助吗？

当然啦。邻里帮困组的福格尔女士每两周帮我打扫一次卫生。您知道的，一个人住没那么多脏东西。社会救助站或者我的儿媳妇帮我采购。她一般周二打电话问我需要什么东西。

那您有的时候也买摆在外面希思家的果酱吗？

有的时候去买。或者从原来的管家那里买些水果，苹果或梨。如果我要新鲜鸡蛋，只要给村里打个电话，就会有人送来。就像这些毛线，也是新近给我送来的。我正在用这些毛线打一双"卧室用的拖鞋"。还有：袜子、连指手套和袖口捐赠给村民联合会。

阿德勒加藤

斯瓦能豪夫扩建增加了护理居住组，为需要护理和失智老人提供服务

据联邦统计局数据，截止到 2009 年 12 月，德国约有 234 万人口需要护理并有继续增加的趋势。[14, 15] 85 岁以上老人占三分之一多。[16] 随着年龄增长，需要护理的概率也增加。比如，统计得出 90 岁以上人口的护理概率最高。

上述数字表明，数年来村民联合会一直在与这样一种发展抗争。这种发展已经远远超出了"有照料的居住"方案的要求。邻里帮困和斯瓦能豪夫的原则虽然设计得很好，但是面对需要重度护理人群日益增加的需求已经捉襟见肘了。当住户严重失智或者尽管有邻里帮困也无法自助生活时，村民联合会的帮助能力也就到了极限。于是就会产生不满情绪，甚至就搬到了本地周边的养老院去。这恰恰是村民联合会不想见到的。在 2004 年的一次决策大会上，埃希斯泰腾人讨论了这项服务空缺并决定，扩大原来为村民联合会设定的目标。格尔哈特·基希勒解释说："我们说过，我们村子要接过代际契约。换句话说，我们要关心村民直到送终，即使会对帮困提出更高的要求。"

于是又成立了一个工作组，专门深入研究这个问题："如何让埃希斯泰腾需要深度护理和失智的老人'留在'我们村里？"经过认真讨论并在参观了巴登－符腾堡州和瑞士的类似设施后，决定建设一个有 24 小时看护的护理居住组。应该按照"常态原则"设计居住形式，并以促进住户参与日常生活为目标。有利于作出这项决定的一个准则是，即使小的单位从商业角度也是可以合理组织的，也就是说村子和小城镇在经济上也是有回报的。[17] 护理居住组的责任由村民联合会承担。在投融资和建设方面，又请来了建筑师沃尔夫冈·弗莱。他再一次作为合作伙伴站了出来，并承担财务责任，协调方案更新，编制规划和落实建设资金。已经存在并运作良好的村民联合会关系网也为埃希斯泰腾人把控这个新项目减轻了许多负担。然而，这里需要仔细审核投资费用，因为让建筑师作为投资方是不常见的。"有许多种投融资模式"，弗莱说。但是没有一种模式能够经得起考验。编制一份可

信并且稳定的财务计划不仅要求很高，而且将决定项目的成败，绝对不可掉以轻心。"有兴趣来埃希斯泰腾参观学习整个实施经验的村镇必须知道，这样一种项目的投融资不仅是项目成功的基石，而且像我们这里由建筑师承担投融资任务的情况也是不多见的"，他强调说。"很多地方的项目常常摇摆不定，就是因为缺少正确的投融资方案"，弗莱补充说。在开发这种居住项目时，投融资并不意味着某人提供自有资本，而是要使投资责任在经济上负担得起，也就是建设费用产生的还本付息费用应该通过租金回笼实现再融资。

为老年人提供专门服务的护理居住组的主意当时在德国还是比较新颖的，米西尔·希曼扎克说。这种思想起源于法国，是在 25 年前发展起来的。大约近 5 年来，居住组的主意开始在德国西南部流行。之所以对这种居住方式存在巨大的市场需求，主要是因为整个联邦德国失智病人的数量在不断增加。根据联邦家庭、老年人、妇女和青年部提供的信息，"目前德国有 130 万男女患老年失智症"。[18] 到 2050 年这个数量将翻一番。问题在于，传统的养老院不能提供满足失智病人需要的服务。"这类病人需要呵护，而不仅仅是躯体上的护理"，希曼扎克强调[19]。"失智病人期望安全和不孤单的感觉。家乡和祖屋在这里起重要作用"，这位专家继续解释说。所以，在埃希斯泰腾的护理居住组就是为这些需求量身定制的。比如，就像 1990 年代中期为斯瓦能豪夫做的那样，按照需要进行了专门规划设计。

面临的巨大挑战之一是寻找护理居住组的建设用地。"为了找到一个合适的地块，真是费尽周折"，米歇尔·布鲁德说。那时候他刚刚接手埃希斯泰腾村长的职务。首先想到了葡萄酒合作社的榨汁车间，但是后来又放弃了。斯瓦能豪夫对面的那块地也不行。米歇尔·布鲁德叙述说，"那样的话儿童游乐场要缩小 1/3，村里许多年轻家庭不同意"。要不让年轻人和老年人共享一个花园该有多好啊。在又讨论了几种不同的建设用地选项后，阿德勒客栈的家庭最终愿意出让他们的花园，寻找建设用地以及起名的工作终于告一段落。"阿德勒加藤距离斯瓦能豪夫只有三分钟步行路程,那块地可以供11位需要护理的人员居住。这对建筑师又是一项挑战,因为这块地不够大",布鲁德沉思着说。"我们对所有地块都做了规划",弗莱解释说。"我们尝试了各种用途组合,并计算了相应的造价。每种方案都有优缺点",这位建筑师继续说。

找到了合适地点之后,就要研究一种法律形式,使之既符合巴登 – 符腾堡州非常严格的养老院法,又不完全受其限制。最后决定建设一个符合失智病人需求的护理居住组,但要尽量淡化养老院的特征。为了不落入养老院法的管辖范围,村民联合会必须满足州养老院法的如下条款:"只要用于护理病人的居住组在组织上与第三方保持独立,则本法对其不适用。这种情况就是说,居住组的成员需要在一个委托人团组内自行管理居住组的一切事物。但选择照料服务内容的自由不受限制。当出租人和护理服务负责人为同一人或者在法律上或事实上有连带关系时,就会受到限制。"[20]

于是就做了调整形成以下法律结构:村里承担底楼不足 $300m^2$ 公寓的出租人角色,由村民联合会负责日常管理,医疗服务则委托给位于伯钦根的布莱斯高北区社会救助站负责。根据这个精心琢磨出来的法律框架,阿德勒加藤的住户或其亲属在入住时需要签订三份协议:和村里签一份租赁合同,和村民联合会签一份照料协议,和社会救助站签一份医疗护理合同。这样既能保证相对独立自主的生活,又符合养老院法的相关规定。[21]每年举行两次家庭会议。住户的亲属们集中到阿德勒护理居住组,村民联合会和社会救助站也派代表参加。"我们都坐到一张桌子上,讨论以后几周和几个月的事情",村民办公室的黑尔加·贝尔说。在会上,亲属们可以提出他们的诉求和讨论各种问题。委托方团组在对服务满意的情况下与村民联合会和社会救助站续签合约。"住户们可以自行选择护理服务的内

》住户自己决定需要什么样的护理，每年一次在委托方团组会议上投票表决《

米歇尔·希曼扎克

容，每年一次由委托人团组通过投票表决。"希曼扎克强调说，此时他再一次提到了养老院法。该法不允许限制护理服务的选择自由。正巧，米歇尔·希曼扎克这位伯钦根社会救助站的总经理当时正在弗赖堡基督教大学参加一个项目。这个项目的重点是"由市民负责的护理居住组的实施"。所以，埃希斯泰腾的阿德勒加藤从一开始就得到了科学研究的关注。而反过来，它又从护理专家的专业知识中得到帮助。建筑师弗莱回忆说："我们真的讨论了许多问题，找了养老院监督部门和指导委员会，还有卫生局和建设局。"

在决定着手建设护理居住组这个项目以后，又成立了几个工作组：建设和造型、人事、护理和照料以及合同和收费。在合作过程中，规划设计思路得到了进一步改进，主要任务在于进一步摸清需要护理人员的需求。其中，建筑设计是中心任务。沃尔夫冈·弗莱以"家庭生活原则"为设计导向。首先，混合居住模式非常重要，

他说。他所指的混合居住是指除了底楼的护理居住组外，楼里还有其他公寓。这些公寓虽然也是无障碍设计，但不是首先为残疾人考虑的。"人人都可以住进来，我们不能只为需要护理的人员盖一栋房子，我们不要贫民窟"，他强调说。今天，在阿德勒加藤底楼住的是护理居住组，一楼是艾滋病症状儿童的康复理疗诊所，还有 5 套面积在 55 和 132m^2 的出租公寓。房子地点也很合适。它应该在斯瓦能豪夫附近，但并没有紧挨在一起。靠近斯瓦能豪夫和村民办公室也方便管理。

》每个人都应该能够住进来，我们不能只为需要护理的人盖房子而使它成为贫民窟。《

沃尔夫冈·弗莱

摄影：Architekturbüro Frey

建筑项目讨论会：
艾希斯特腾人在
讨论阿德勒加藤
的建筑布局。

...在与工作组的不断沟通和讨论中，规划设计方案日臻具体和完善。目的是按照失智病人的需要量身定制护理居住组...

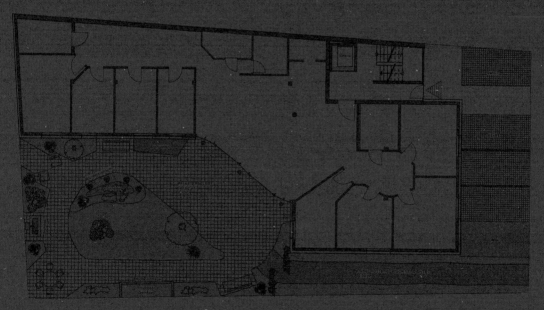

绘图：Architekturbüro Frey

护理居住组的内部空间采用传统分隔模式，也就是按照公共空间、私人空间和私密空间的原则。所以公寓里有一个带大厨房的公共活动室，半私人走廊和只供住户和工作人员使用的浴室。"此外，每个住户有一个房间，可以随时回房间免受打扰"，建筑师解释说。为了让工作组成员能够更好地想象阿德勒加藤建成以后的模样，弗莱采用了一种超乎寻常的表达方法。在会议室，他以 1 比 1 的尺寸画出了居住组的整个平面图，让村民们坐着轮椅被推进假想的房间。"这样就能让他们切身体会建成后的效果"，弗莱说。护理居住组的布局像一个人体。"中央是躯干，起居室、餐饮区和厨房是活跃的生活场所"，弗莱解释说。紧接着是两条手臂，也就是所谓的围合式走廊。每条走廊分别通往四个房间。设计这样带厨房的大开间公共活动室是一大亮点。大玻璃幕墙唤醒了一种可以没有门槛直接通往花园的向往，而花园又十分诱人，沿着整个幕墙长度设计并建造有挑檐，可以减轻往外走

的心理负担。"挑檐可以给人一种心理保护"，弗莱解释说。"一个行动不便的老人心理比较脆弱，往往不愿意离开舒适的公共活动空间，走进炫目的阳光或者走到阴暗的十一月霏霏细雨中去。"

这个挑檐是一个很好的例子，它表明建筑设计不单单是室内空间的设计。"它不是目的本身或者艺术造型，而是通过建筑造型对内部结构的鲜明表达"，建筑师强调。"公众往往把建筑学降格为美学造型。这不仅很可惜，而且对于这种情况是完全错误的"，弗莱强调并再一次回到了挑檐。"在阿德勒加藤的这个挑檐不是为了好看，而是对住户保护需求的一种响应，因为它形成了一个从室内通往室外的过渡区。"这个挑檐属于花园的一部分。花园是私人花园和公园的混合。花园里有一条环形小道，住户在散步时就不会被迫走进死胡同。挑檐下的一张桌子和几把椅子会吸引住户在天好的时候到这里小坐。夏天，住户们也常常在外面聚在一起聊

从建筑学的角度看，挑檐具有一种心理保护功能，形成一种从室内到室外的缓冲过渡区。

99

》我们真的没有想到，我们能够如此理想地利用
这么小的一块地方。《

村长 布鲁德

摄影：Brigitte Ziser

天，做填字游戏或者就这么静静坐着欣赏身边五彩缤纷的花坛。花园在内院，有围栏起到天然保护功能，可以有效阻止那些因失智而要擅自外出的人。尽管在村中心，花园里依然十分恬静。

遮阳篷可以挡住夏天的烈日。朝着花园摆放了许多椅子，吸引住户过来小坐。

在阿德勒加藤的日常生活

住户自主

到 2008 年 3 月 28 日已经万事俱备：阿德勒加藤和新的护理居住组举行了落成典礼。11 位需要护理或者身患失智疾病的埃希斯泰腾村民在这里找到了新居。如果你直接问村民您最喜欢阿德勒加藤的哪一点，一致的回答是"有共同理想的团体"和"我们不再孤立无援"。和普通养老院的差别是护理居住组具有医疗服务的性质。"住户们住在自己家里，工作人员在这里是客人。同时，在日常生活中，陪护工作人员人数和所花的时间比养老院里的专业人员多很多"，村民办公室的黑尔加·贝尔说。阿德勒加藤充满了家庭气氛，热情温馨。住户们和工作人员一起吃饭，做游戏和做饭。

你按下阿德勒加藤的门铃，就会走进一个总是应季装饰的温情脉脉的门厅。这里时而有充满圣诞气氛的奔鹿雕像和松枝，时而有复活节的兔子和彩蛋或者是代表收获和感恩的南瓜：村民联合会的工作人员总会想出一些好主意。按下门铃后，大门或者房门会自动打开，坐着轮椅的人可以舒适地进出。

凡是来到阿德勒加藤的人都不会急于离开，因为当你跨进房间的第一步，你的第一印象是：噢，终于回家啦。进屋第一眼看到的是一张摆在公共活动室中央的大木桌。它就立在大玻璃窗的前面。透过玻璃窗可以看到像走廊那样装饰着五彩缤纷应季鲜花和植物的花园。大门左边挂着一块大大的黑板，用粉笔写着最重要的数据：最上面是日期、星期和年份。左下方是当天早中晚当班的女工作人员照片。它的右边是午餐和晚餐菜单。"有位女住户每天早餐前就站在黑板前仔细阅读。时不时的她会发现一些小错误，比如已经吃过的土豆泥配菜还在上面写着"，负责日常照料的服务员埃尔克·斯米德勒说，她从开业以来每天在阿德勒加藤工作半天。

从公共活动室的左右两边可以走到住户的房间[22]和两个浴室。浴缸用得不多，住户们愿意淋浴。因为淋浴洗得快，斯米德勒说。每天最热闹的地方是公共活动室。在大木桌的旁边有一张沙发，一个直到天花板的书架装满了集体游戏道具和书本，还有一

...11位需要护理或失智的埃希斯泰腾村民
在 2008 年 3 月 28 日住进了新居...

摄影：Judith Köhler

好习惯：在 2008
年 3 月 28 日的
阿德勒加藤落成
典礼上，发起人
栽了一棵小树。

村民联合会的女士们用心娴熟地装扮阿德勒加藤的过道和起居室。大玻璃幕墙让人看到美丽的花园。

...住户自主决定他们的日常生活，何时起床，是否参加各种活动。这种个人自由是可能的，因为阿德勒加藤采用了》日常陪护《的照料方案...

摄影：Judith Köhler

台电视机。装备精良的厨房也是公共活动室的重要组成部分。"人类从来就喜欢在篝火旁聚会"，米歇尔·希曼扎克对这种方案背后的设计思路做了解释。

住户自主决定他们的日常起居，何时起床，是否参加各种活动。这种个人自由是可能的，因为阿德勒加藤采用了"日常陪护"的照料方案。这里每天有3到4名工作人员，按工作量而定。陪护人员主要是妇女，由村民联合会聘用，她们事先接受了126个学时的日常护理培训（内部培训）。

"培训持续6个月。在培训班上学习如何护理失智老人，如何调动他们的积极性或者如何帮助他们在床上活动"，埃尔克·斯米德勒说。"老年失智症是不一样的失智症"，她强调说。每天的身体接触非常重要。护理人员需要经常抚摸住户的背部，或者跟她们握手。斯米德勒证明："这里经常拥抱。当我发现有人状态不很好的时候，我就多陪陪她。"这种形式的奢侈在养老院里是肯定享受不到的。帮工们的首要任务是陪护住户和料理家务，比如穿衣、洗漱、熨烫、叠衣、打扫卫生，这些

在公共活动室里还有一
个放着沙发的舒适的角
落。住户们喜欢在那里
快乐地小聚。

》老人失智是不一样的失智。
每天的身体接触非常重要。《

埃尔克·斯米德勒

摄影：Judith Köhler

不属于护理工作的所有琐碎事务都由日常陪护人员料理。根据住户的身体情况，也会尽量让他们做些力所能及的事，比如上午时候帮着削土豆皮或者下午时分帮助叠衣服。

日常陪护人员由村民联合会聘用。为了找到合适的人员，黑尔加·贝尔当然并不仅仅依靠自觉报名，而是直接找人谈话。"雇佣男女日常护理工的条件是在照料病人时要有爱心、尊重他人，并且没有和失智病人接触的恐惧感"，阿德勒加藤协调员说。"他们应该有爱心和善解人意，能够和别人很好地相处，务实，并且在工作时间上有一定的灵活性"，她进一步总结说。有 40% ~ 70% 的人是固定工，还有钟点工和可以得到（从事公益事业的第二职业）免税包干收入的工作人员，贝尔说。她很高兴，因为虽然有时会有人员变动，但是她有一支"固定的主力军"。她们从阿德勒加藤开业就在这里工作了，贝尔说。希曼扎克补充道："对于失智病人非常重要的是，人员流动要尽量少。"对于埃希斯泰腾的妇女来说，参加村民联合会的工作

可以使工作与家庭生活两不误，因为路很近，商量点事很快。正因为大家都认识，有时候也可以早来或晚到一会儿，比如要是自己的孩子有点头疼脑热的话。

阿德勒加藤的一天有固定的时间点，但没有死板的框框。主要围绕用餐时间安排一天的活动。每天早上 7 点，由一位社会救助站的女工作人员和一位日常陪护员换下夜班人员。她们共同照料住户的护理和晨间洗漱。从 8 点开始又来一位村民联合会的女帮工，帮着准备早餐。"住户当然也可以多睡一会儿，晚点起床，但这很少见。因为当她们听到早上的第一声响动，盘子的碰击声和烧水壶的咕噜声时，她们就会出来，生怕耽误了什么"，黑尔加·贝尔诙谐地说。有时候住户也会帮忙铺桌子。9 点左右开始一起吃早饭，工作人员也一起吃。吃完早饭住户可以自己决定去哪里。有人看报纸，有人在讲点什么或者做游戏。"用餐时间是固定的，其他时间住户是完全自由的。她们可以参加组织的各种活动，但不是必需的"，日常陪护员埃

》当住户早上听到第一声响动，听到盘子碰击声和烧水壶的咕噜声的时候，那些喜欢睡懒觉的人也会起床，走出来，生怕耽误了什么事《

黑尔加·贝尔

摄影：Brigitte Ziser

日常陪护员埃尔克·斯米德勒（中）在帮助一个住户用餐。固定的用餐时间起到调节一天时间安排的作用。

》用餐时间是固定的，其他时间住户是完全自由的。她们可以参加组织的各种活动，但不是必需的。《

埃尔克・斯米德勒

摄影：Brigitte Ziser

摄影：Brigitte Ziser

尔克·斯米德勒说。固定的用餐时间之所以非常重要，是因为许多住户需要按时服药，黑尔加·贝尔补充说。大约从 11 点开始，在木桌上会铺一张蜡桌布，对于住户意味着，如果愿意就可以开始干活了：摘菜了。土豆、胡萝卜或者苤蓝。许多住户在做这些事的时候会觉得自己还能派上用场。这是她们干了一辈子的事啊，贝尔补充说。午饭前，上午一般还会来一位护理人员，帮助住户做点事，比如和一些住户出去买东西或者散步，陪她们看看老照片或者做体操。接着到 12 点就开始用午餐。经常吃本地菜。餐后天气好的话住户们喜欢到院子里坐坐，玩一会儿，也可以回屋歇一会儿，或者帮助工作人员做些轻便的家务活。18：00 住户们用晚餐，直到 21：00 夜班的人来了以后，一点点帮她们上床睡觉。这不是说，夜班人来了就赶她们上床。"阿德勒加藤的每个人都自己决定什么时候睡觉。每个人都不一

家乡和居家：在阿德勒加藤经常烧家乡菜。大家在一起 》过日子《 是最重要的。

111

≫生活是有成千上万个片段组成的。阿德勒加藤
最宝贵之处是它的本地化。≪

米歇尔 · 希曼扎克

摄影：Brigitte Ziser

112

样的。有时候她们晚上还要聚在一起看场电影"，贝尔说。每周一次日常陪护人员去超市采购。由一个经过家政培训的工作人员写好采购清单。她还为下周编写菜谱，事先也征求住户的建议和配餐需求。采购的钱来自住户每月交的 180 欧元生活费。"和一个组织良好的住房合作社相似"，米歇尔·希曼扎克说。日常工作共同商量共同料理。正确护理的知识固然重要，但让住户开心地过好每一天和激发住户的活力更重要，这位社会工作者总结。和养老院的差别除了生气勃勃的日常生活外，就是只有 11 个人的小单元。"在养老院 40 人是最低限"，他忧心忡忡的说。另一个质量标志是贴身照料，这对住户很有好处。当然决定质量的关键因素还在于居住组就在村里，并且特别注意只有埃希斯泰腾人或者邻村的人才可以住进阿德勒加藤。这样住户的亲属们就能够更好地参与到日常生活中来。"生活是由千万个小片段组成的。阿德勒加藤最宝贵之处在于它的本地化。住户每天听到的是她们熟悉的教堂钟声，邻居和工作人员的

家乡方言。做的是家乡饭，吃的是周边地里种的蔬菜"，希曼扎克列举了给人以家乡感情的片段。通过这种方式，即使搬进阿德勒加藤以后，住户们仍然保持着原来的社会联系。有些 80 岁的老人在住进养老院以后就再也不能去探望他邻村的好友了，弗莱补充说。在阿德勒加藤，弗莱继续说，"人们可以继续互访，或者约好了去打牌"，他说。

为了让阿德勒加藤始终符合住户的需求，每两到三个月就要开一次所谓的"圆桌会"。和亲属会议类似，圆桌会上也有村民联合会、社会救助站和亲属发言人参加。后者是芭芭拉·海斯。她是一个住户的女儿。这个住户从 2008 年住到现在。阿德勒加藤对于做老师的海斯真是"天上掉馅饼"。当她母亲患上老年失智症时，她只有两种选择：养老院或者请一个波兰女工。"阿德勒加藤的工作远超常规"，她说。"绝对人性化，我认识这里的所有护理人员"，海斯补充说。她非常愿意承担亲属发言人的任务。当需要谈话或者遇到问题时，她是联系人，根据情况

天好的时候，住户们坐在外面，玩游戏或者聊天。

113

摄影：Daniel Schoenen

阿德勒加藤位于
村中心。到教堂
和村政府只有几
步之遥

...决定质量的关键是居住组就在村子里，并且特别注意，只有埃希斯泰腾村民或者邻村的人才可以入住阿德勒加藤...

摄影：Brigitte Ziser

她还会参与决定从 20 多个人的排队名
单上选择哪一位住进阿德勒加藤。

　　当然，阿德勒加藤良好的照料
和护理是有代价的，尽管阿德勒加
藤的一个位子不比常规养老院贵。根
据护理等级，住户或者亲属在护理费
基础上还要交 1440 欧元[23] 到 1840
欧元[24]。另外还要每月交 180 欧元
生活费。"护理费是直接扣的。收钱的
人根本不露面"，黑尔加·贝尔说。关
爱基金把钱付给社会救助站，由社会
救助站再根据工作量进行二次分配。

村民联合会也因提供照料服务得到
部分费用。

　　尽管良好的老年护理机构也有其
代价，但是护理专家米歇尔·希曼扎
克肯定地说，在居住地附近照料病人
的护理居住组会成为未来的养老护理
样板。预期未来的护理模式将百花齐
放。当前，人们照料的还是心态不错
的经历过战争的一代人，接着他们的
是 1960 年代的"革命者"。"他们过
着奢侈的生活，会有更多诉求。所以
挑战会更加严峻"，他肯定地说。

黑尔加·贝尔（左）的
团队。她们负责日常陪
护阿德勒加藤的 11 位
住户。

包容性"互助咖啡馆"
»Café Mitnander«
在斯瓦能豪夫中心的社交聚会场所

在斯瓦能豪夫开一个咖啡馆作为社交和聚会的场所，对于居住在这里的不同境况的人来说，真是一个理想的主意。为什么银行在给这个有用的设施贷款时很勉强呢？沃尔夫冈·弗莱这位建筑师和投融资负责人后来才明白：一年以后租赁者解除了租约。就是后来接手的人不久也是入不敷出，支撑了不到一年，到最后只能花不少钱改成了小餐馆。但好景也不长。花大价钱改造后又收不到租金，让这个作为房屋持有人的建筑师感到，必须做好周密的商业策划。再次改造后开了一家夜宵店，租户开始有了稳定的营业收入并定期交房租。但是，过了不久就有人投诉，反映夜间噪声扰民。小餐馆的成功却带来了冲突。心情沉重的沃尔夫冈·弗莱和米歇尔·布鲁德最终一致认为，虽然现在有了稳定的收益，但还是必须重新整合，而原先想开一个咖啡馆的设想又浮了上来。弗莱从其他的项目经验带来了包容性想法，经过努力，最终让许多人同意开一个包容性咖啡馆。"我们所有人都

相信，经过十多年的努力，我们终于在斯瓦能豪夫方案上得到了突破：慈善事业不仅具有社会影响，而且从心理上也会有利于维护这种消费行为的存在，而这种消费行为是经济上健康经营的基础"，弗莱说。

说干就干，弗莱开始了新的规划：从不同工作组找参与者并为咖啡馆起名。此外还一定要满足由人类行动和KVJS（青年和社会人士地区联合会）制定的政府补贴申请条件，这使得整个事情变得复杂。申请补贴比预期困难许多。2010年夏天，空间位置又发生了变化，因为葡萄酒合作社把他们在斯瓦能豪夫楼内的场地卖给了埃希斯泰腾村以后，搬进了一直空关着的小餐馆。于是就可以考虑在原来葡萄酒合作社的房间里开包容性咖啡馆。又要调整建筑设计，还要重新计算造价，造成了新的拖延。在此期间，村委会内部也进行着艰苦的讨论。结果以微弱多数同意，在所有补贴条件得到认可后，才可以具体落实咖啡馆项目。

摄影：Café Mitnander

从规划到开张用了两年半的时间。2012 年 4 月包容性咖啡馆终于开业了。咖啡馆的被接受程度远远超过了人们的预料。室内有 55 个餐位，院子里有 35 个餐位。今天在咖啡馆现烤的村妇蛋糕早就有了许多粉丝，人们也愿意买回家去。积极勤快的店员队伍几乎可以满足客户的所有愿望：从经典咖啡和蛋糕直到圆满的生日庆典。品种多样的午餐也很受欢迎。原料大多来自本地和公平交易，比如鸡蛋、水果和蔬菜直接从农民那里采购。尖端产品 GEPA 给你带来咖啡的享受。高级咖啡豆是在手工作坊里采用传统工艺长时间文火烘焙而成的。咖啡只从小农合作社采购。通过与 GEPA 的公平交易，他们获得长期稳定的价格。他们依此生存，依靠自己的力量改善生活处境。

从 2013 年初开始，作为一个新的业务支柱，咖啡馆为埃希斯泰腾托儿所、婴儿班和埃希斯泰腾学校的日托所供应餐食。这项新的任务使厨房空间达到了极限。所以决定在仓库区域设一个"烤面包站"。餐厅也进行了扩建。

"Café Mitnander" 是 一 家 白天营业的包容性咖啡馆。它被用作社交和集会场所，包容和互相尊重是友好相处的基础。四个残疾女工干得很好，在此找到了固定的工作。包容性咖啡馆的出资人是公益有限责任公司（gGmBH）：埃希斯泰腾村民联合会、埃希斯泰腾村和豪夫古特·希默尔赖希酒店。

在包容性咖啡馆烤制的村妇蛋糕早就有了许多粉丝，人们也愿意买回家去。

119

现实的挑战

村民联合会正在考虑建设第二个阿德勒加藤

埃希斯泰腾人在经历了初期的怀疑后，村民联合会今天不仅在经济上而且在社会影响上已经奠定了良好基础。联合会年营业额四十万欧元，有50多位员工，达到了中型企业的规模。"如果对埃希斯泰腾所有企业排名的话，村民联合会可以排在前20名"，2005年开始担任村长的米歇尔·布鲁德说。尤其对于村里的妇女来说，联合会为她们提供了忙过家务后还能挣点小钱的好机会，而且不费事，就在自己村里也不用开车。在村民联合会的工作也可以和自己的家庭相互兼顾，布鲁德继续解释说。当然他也承认，这种形式的村民联合会不是村里的一个收入来源。相反，它就像儿童游乐场或其他设施一样，还要村里贴钱。"这个钱花得值得"，布鲁德说。反正任何一项基础设施，不管是道路还是公共建筑都是要花钱的。而村民联合会通过其广泛的社会服务增强了埃希斯泰腾人对家乡的认同。正因为如此，联合会一直得到埃希斯泰腾人

的认可。就像布鲁德说的，联合会让村民有一种"特殊的归属感"。"言谈中，人们总是说'我们的村民联合会'"，他强调说。联合会的协调工作是一项非常艰巨的工作，光是协调所有员工和志愿者的工作时间就要求有奉献精神。

在米歇尔·布鲁德刚刚当政的时候，他的前任格尔哈特·基希勒用整整24年扶持起来的活生生的村民公社模式，对他完全是一块新大陆，也就是说他对村民联合会的方案完全不了解。那么现在呢？"今天，村民联合会已经不能再从日常生活中抹去了"，他说。每周开一次工作组会议，讨论和协商新的建议。作为村长，他是村民联合会和整个村子发展过程的一部分。各种建设性的建议需要捆绑后引入正确的轨道，他解释说。村民的积极性会不会松懈，他对此一点都不担心。因为他和基希勒一样认为，助人为乐的精神在哪个村子里都存在。埃希斯泰腾只是为此建立了必要的框架条件，

米歇尔·布鲁德从
2005 年开始担任
埃希斯泰腾村长。

摄影:

Judith Köhler

121

激发了社会潜能，为村子所用。然而，如果在埃希斯泰腾没有村民联合会又会怎么样呢？布鲁德的回答是："那么我们今天还要坐下来，研究有看护的居住和护理居住组的方案。"

尽管运行良好的村民联合会不需要他操太多的心，布鲁德却仍然不敢松懈。不断出现的新任务要求联合会随时准备在结构上进行调整和扩展。对专业性的要求越来越高。2012年初开张的包容性咖啡馆就是一个例子[25]。作为公益性责任有限公司，这家咖啡馆不是村民联合会的直接支柱。在观念上，咖啡馆得到了豪夫古特·希默尔赖希酒店的支持。其模型源自法国小说家安东尼奥·圣埃克苏佩里的叙说："唯用心方能察物之本，而眼观则仅能及其表象。"位于巴登南部基尔希扎腾的豪夫古特从2004年以来采用包容性酒店餐饮形式运行。十多位智障人在酒店和饭店与健康人一起工作。2006年另一个赞助单位"天国（Himmelreich）包容式学院"加入了进来。它所追崇的目标是，加强智障人的社会参与和独立性，改善他们的就业机会。[26] 总经理约翰·劳贝尔说："我们为埃希斯泰腾提供支持的具体做法是把我们多年来积累的包容式经营经验传授给他们。我们的目的首先是帮助埃希斯泰腾村和村民办公室更上一层楼，为残疾人士提供更多社会参与的可能。"咨询需求只有在餐饮方式方面。因为1:1照搬是不行的，有些方面必须另行规划，他补充说。

咖啡馆是另一个有目共睹的实例，证明村民联合会尽力试图照顾到社会的方方面面，为每个人提供机会，无论是儿童看护，为失智病人护理员举办培训班或者组织纳米比亚旅行的照片报告晚会。"工作重点当然是老年人。但是村民帮助也意味着为一个年轻家庭提供支持，比如在母亲长时间生病的时候"，布鲁德说。无论在本地还是在国际上，对于"我们的村民联合会"的反响都是非常积极的。有时候有日

不断出现的新任务要求联合会随时准备在结构上进行调整和扩展。

> » 我们走在了人口老龄化的前面，所以我们具
> 有应对挑战的能力。 《

米歇尔·布鲁德

本考察团来详细了解情况。当然本地的兴趣也非常大：同行们会直接找他咨询，布鲁德说。奥滕贝格正在模仿埃希斯泰腾村民联合会的一些成功做法。"我们当然很高兴，如果我们的项目在邻村那里也能开花结果的话"，布鲁德解释说。

村民联合会下一步如何发展，是埃希斯泰腾未来数年必须面对的现实挑战[27]。从 2011 年年中以来，斯瓦能豪夫的 16 套公寓又全部租出去了，阿德勒加藤的 5 套公寓和护理居住组的 11 个床位也已租罄。村里和村民联合会作为承租人要承担公寓不能完全出租的费用和风险。但是目前形势非常好，布鲁德说。

数据、数字和事实

埃希斯泰腾

- 位置：位于黑森林和弗格森之间凯泽斯图尔的东部，海拔 198 至 520m
- 在历史文献中首次提及埃希斯泰腾是在公元 737 年。在埃尔萨斯地区穆尔巴赫市埃西康修道院的证书上出现了埃斯达特这个地名。
- 2007 年埃希斯泰腾共有 145 家农耕企业，其中 38 家主要经营农场。
- 人口：3200
- 村子的工商企业提供了 700 多个工作岗位
- 格尔哈特·基希勒从 1981 年到 2005 年担任埃希斯泰腾村长（无党派人士）
- 米歇尔·布鲁德从 2005 年开始担任村长（基督教民主联盟）
- 辖区土地面积 1231hm²，其中葡萄种植面积 363hm²。
- 680hm² 为农业用地，其中
  - 41% 为耕田
  - 12% 为永久绿地
  - 3% 为果园
- 2011 年埃希斯泰腾平均年龄为 39.7 岁
- 2003 年埃希斯泰腾在德国联邦竞赛中赢得"最具发展潜力村镇奖"
- 埃希斯泰腾是农村发展项目的样板村镇

》埃希斯泰腾首次有历史记载是在公元 737 年。在埃尔萨斯地区穆尔巴赫的埃提康修道院的一份文件上出现了埃斯达特这个地名《

- ■ 1993 年 9 月 3 日召开成立大会

- ■ 创始会员: 272 个

- ■ 2011 年成员数量: 470 人

- ■ 会员年费: 25 欧元

- ■ 村民联合会是斯瓦能豪夫和阿德勒加藤护理居住组照料承担人，与布莱斯高北部地区的基督教社会救助站合作

- ■ 社会服务内容:
  - 斯瓦能豪夫有照料的居住
  - 邻里帮困
  - 核心时段的小学生看护
  - 阿德勒加藤护理居住组
  - 村民办公室作为社会事务和咨询的接待窗口

埃希斯泰腾
村民联合会

》获得巴登符腾堡州有照顾的居住质量奖《

免费服务	收费服务 每小时 7-8 欧元
探访服务（交谈、朗读、陪同散步）	村民办公室日常工作
人文活动（午后钢琴演奏、图书阅览室、做手工）	家政服务和护理
在埃希斯泰腾村民联合会的工作	帮助老人做操
斯瓦能豪夫屋顶花园和护理居住组花园的养护	失智病人护理
帮助村民联合会的活动做事（如葡萄酒夜市）	核心时段小学生看护
	阿德勒加藤的日常陪护
	收费服务的可靠性和准时性非常重要。工作人员必须严格遵守服务时间点、时间长度和服务内容。

》双重性质的义务服务《

- 1993 年完成斯瓦能豪夫的初步设计

- 1997 年开工建设

- 1998 年竣工；1997 年开始使用

- 老年人公寓有 16 套无障碍居住单元

- 还有两个居住单元提供给年轻家庭 / 新婚夫妇

- 村子是总面积约 450m^2 的斯瓦能豪夫居住组的总承租人

- 住户与埃希斯泰腾村政府分别签订私人住房以及公共利用空间的租赁合同

- 另外还有一个带活动隔墙的公共活动室，一间护理浴室，一间客房和村民办公室

- 底商：诊所，储蓄所，葡萄酒合作社，旅行社，花店，包容性咖啡馆

- 能源消耗：斯瓦能豪夫与凯泽斯图尔附近巴林根的 EnerTec 公司签订了所谓的能源管理合同，在斯瓦能豪夫院内建设了一台微型热电联产装置作为供暖设备。服务商负责热和电的生产。斯瓦能豪夫作为用户在合同规定的时间里向合同能源承包商 EnerTec 支付一笔固定费用，以此购买热和电。EnerTec 挣的是热能生产成本和固定费用之间的差价，所以这家巴林根的公司会尽量降低能源生产成本。

- 能源数据：2011 年运行小时为 3600 小时，微型热电联产机组 Dachs G5.5（Senertec 公司产品）发电 19800kWh，生产热能 39600kWh。用能数据为：电 66705kWh，热 195595kWh（供暖和热水）。供暖和发电燃气总消耗为 271299kWh 天然气（微型热电联产 + 冷凝锅炉）。2012 年初增加了一台新的微型热电联产装置（MEPHISTO G16+，Kraftwerk 公司生产）。在力争达到年 3000 运行小时情况下，可发电 48000kWh，热能生产96000kWh，如果用能数据大致保持不变的话。

斯瓦能豪夫

斯瓦能豪夫收费明细表	公寓	两居室 小厨房、卫浴、储藏室	两居室 小厨房、卫浴、储藏室
	面积	50.86m²	71.25m²
	冷租金	每月 396.71 欧元， → 7.80 欧元／m²	每月 555.75 欧元， → 7.80 欧元/m²
	附加费用	每月 40 欧元	每月 55 欧元
	能源费用 （电和热）	每月 55 欧元	每月 60 欧元
	总计	**每月 491.71 欧元**	**每月 670.75 欧元**
	陪护费用包干 一人 二人	每月 60 欧元 每月 85 欧元	每月 60 欧元 每月 85 欧元
	提租	每两年增加 0.26 欧元／m²	每两年增加 0.26 欧元／m²

说明：德国房租分为冷租金和热租金。冷租金中不包括采暖费，需要租户自付。

阿德勒加加滕	房租	家政费用	护理费用	自费部分
	320 欧元	180 欧元	护理等级 1 940 欧元	1440 欧元
	320 欧元	180 欧元	护理等级 2 1040 欧元	1540 欧元
	320 欧元	180 欧元	护理等级 3 1340 欧元	1840 欧元

- 11 张床位用于重度护理病人（护理等级 I–III）

- 护理居住组致力于营造日常居家氛围

- 阿德勒加藤住户平均年龄 2011 年为 86 岁

- 护理居住组住房面积 290m²

- 花园面积约 100m²

- 目标是为住户营造正常居住氛围和日常生活环境

- 住户 24 小时有经过培训的日常陪护人员照料

- 与明爱护理职业培训学院合作，日常陪护人员接受过 126 学时的培训。这是欧盟资助的"农村妇女创新措施"项目

- 教会社会救助站的工作人员负责医疗护理

- 这是一种护理联合体：责任分担

- 个性化护理服务符合 §45 SGB XI 规定

- 专业护理服务保障措施符合 SGBXI 和 SGB V 的要求

- 通过医疗和护理保险账户与费用承担方结算费用

- 住户自理费用（房租、家政费用和护理费用）

    - 护理等级 1：1440 欧元

    - 护理等级 2：1540 欧元

    - 护理等级 3：1840 欧元

- 附加费用包含在 320 欧元租金里

- 人员配置：根据任务 2–4 名工作人员

- 男女住户签订 3 份不同的合同

    - 与埃希斯泰腾村民联合会签订陪护合同

    - 与布莱斯高北区教会社会救助站签订护理合同

    - 与埃希斯泰腾村政府签订租赁合同

阿德勒加藤

比较：

巴登符腾堡养老院一张床位的费用

弗赖堡

2012 年 3 月

圣灵基金会养老院（市中心）月自费部分
单人间追加费用每天 1.98 欧元

- 护理等级 1：1519 欧元
- 护理等级 2：1704 欧元
- 护理等级 3：2014 欧元

网页：http://www.stiftungsverwaltung-freiburg.de/index.php?id=1023
费用：见相关资料

弗赖堡

2012 年 3 月

圣约翰养老院单人间（维尔勒区）月自费部分

- 护理等级 1：1605 欧元
- 护理等级 2：1853 欧元
- 护理等级 3：2221 欧元

网页：http://www.marienhaus-freiburg.de/data/Marienhaus_Preisliste-2012.pdf

弗赖堡

2012 年 3 月

在艾伦豪富（哈斯拉赫区）不同护理部门月自费部分

- 护理等级 1：1699 欧元
- 护理等级 2：1859 欧元
- 护理等级 3：2082 欧元

网页：http://www.erlenhof.net/leistungen.php

斯图加特
2012 年 3 月

爱顿家－莫利克养老院（市中心）月自费部分

- 护理等级 1：1711 欧元
- 护理等级 2：1953 欧元
- 护理等级 3：2288 欧元

网页：http://www.wohlfahrtswerk.de/einrichtungen/eduard_moerike_
 seniorenwohnanlage/preisliste

卡尔斯鲁厄
2012 年 3 月

玛提亚－克劳多斯－豪斯养老院月自费部分

- 护理等级 1：1544 欧元
- 护理等级 2：1752 欧元
- 护理等级 3：2024 欧元

网页：http://www.wohnen-im-alter.de/altenheim- pflegeheim-matthias-
 claudius-haus-20019.html

卡尔斯鲁厄
2012 年 3 月

哈特豪夫（穆尔堡）养老院月自费部分

- 护理等级 1：1601 欧元
- 护理等级 2：1790 欧元
- 护理等级 3：2084 欧元

网页：http://www.wohnen-im-alter.de/altenheim-pflegeheim-hardthof-
 alten- pflegeheim-mit-service-wohnungen-karlsruhe-24046.html

海德堡
2012 年 3 月

巴塔尼－林顿豪夫养老院月自费部分

- 护理等级 1：1601 欧元
- 护理等级 2：1790 欧元
- 护理等级 3：2085 欧元

网页：http://contenido.bethanien-heidelberg.de/altenhilfe/bethanien-
 lindenhof/bethanien-lindenhof.html

费用举例

阿德勒加藤自理费用总计

R 夫人：护理等级 1

她为 24 小时陪护服务每月向村民联合会缴费	940 欧元
其中包括房间和公共活动空间（分摊）以及全部杂费在内的月租金：	320 欧元
包括所有食品、日用消耗品和管家在内的家政费用住户每月缴纳	180 欧元
R 夫人总计缴费	1440 欧元

J 夫人：护理等级 2

护理费用提高到	1040 欧元
其他所有费用不变。也就是其中包括房间和公共活动空间（分摊）以及全部杂费在内的月租金：	320 欧元
包括所有食品、日用消耗品和管家在内的家政费用住户每月缴纳	180 欧元
J 夫人总计缴费	1540 欧元

L 夫人：护理等级 3

护理费用提高到	1340 欧元
其他所有费用不变。也就是其中包括房间和公共活动空间（分摊）	
以及全部杂费在内的月租金：	320 欧元
包括所有食品、日用消耗品和管家在内的家政费用住户每月缴纳	180 欧元
L 夫人总计缴费	1840 欧元

》所有住户的护理保险基金护理金被专业护理／护理服务全额用足。《

联系方式

Buergergemeinschaft Eichstetten e.V
埃希斯特腾村民联合会
Hauptstr. 32
79356 Eichstetten am Kaiserstuhl
Tel.: 07663/948686
Fax: 07663/912113
E-Mail: info@buergergemeinschaft-eichstetten.de
Web: www.buergergemeinschaft-eichstetten.de

Buergermeisteramt Eichstetten
埃希斯特腾村政府
79356 Eichstetten am Kaiserstuhl
Tel.: 07663/9323-0
Fax: 07663/9323-32/-31
E-Mail: gemeinde@eichstetten.de
Web: www.eichstetten.de

Frey Architekten
弗莱建筑设计事务所
Bertha-von-Suttner-Strasse 14
79111 Freiburg
Tel.: 0761/477 4414-0
E-Mail: info@architekten-frey.de
Web: www.architekten-frey.de

Kirchliche Sozialstation Noerdlicher Breisgau e.V
布莱斯高北区教会救助站
Hauptstrasse 25
79268 Boetzingen
Tel.: 07663/4077
Fax: 07663/99727
E-Mail: sozialstation.boetzingen@gmax.de
Web: www.sozialstation-boetzingen.de

Hofgut Himmerreich GmbH
豪夫古特天国责任有限公司
Hotel/Restaurant
Himmelreich 37
79199 Kirchzarten
Tel.: 07661/9862-0
E-Mail: info@hofgut-himmerreich.de
Web: www.hofgut-himmerreich.de

Café Mitnander
包容性咖啡馆
Hauptstrasse 32
79356 eichstetten am Kaiserstuhl
Tel.: 07663/9425867
E-Mail: café@mitnander.de
Web: www.mitnander.de

附注

1   1990 年代初凯泽斯图尔附近埃希斯泰腾的人口为 2700 人。

2   村民委员会于 1993 年 4 月作出决定。

3   联邦财政部对于"公私合作（PPP）"理解为，由私营经济承担公共领域的任务或者投资。一般通过协议约定合作各方的权利和义务。

4   参与投资模式的除了有建筑师弗莱，葡萄酒合作社、埃希斯泰腾村政府以及购买了斯瓦能豪夫产权公寓的村民也有少量参与。（资料来源：基希勒采访记录，2011 年 12 月 9 日）

5   沃尔夫冈·弗莱（2010）：五指原则。可持续建筑学的战略，弗赖堡，第 98 页

6   同上，第 143 页

7   明镜杂志专刊 2006/8

8   沃尔夫冈·弗莱（2010）：五指原则。可持续建筑学的战略，弗赖堡，第 43 页

9   在初期斯瓦能豪夫有一家小咖啡店，与包容性理念相符，即方便相聚和沟通。然而根据弗莱的说法，划不来，因为租户老换，最后关门大吉。同时也因为租户认为太吵。后来在 2012 年 3 月开了这家"包容咖啡馆"。

10 资料来源：村民联合会章程。

11 Schwenkler, Bjoern 和 Vaupel, James W：老龄化的一种新文化。在"政策与现代史"（2011）上发表的文章，第 3-10 页。

12 "农村女帮工"在 80 年代还是一种培训职业。比如她们替代家庭中母亲的角色，当这位母亲生病的时候或者不幸去世时，有帮工看护孩子，照料家务。

13 租户想住多久就可以住多久，因为村政府是斯瓦能豪夫的转租人。减少了自有资本的支配权对社会权利有利。这种方案提供了保障也增加了信任，因为恰恰是老年人他们希望知道，直到他们的生命终点一直可以在他们熟悉的环境中生活。

14 护理需求：护理需求在护理保险法意义上是指，因病或残疾的人在日常生活中长期需要深度帮助。由护理保险或者私营保险企业确定是否达到护理需求的程度。参见 Boehm, Karin（2011 年）在联邦政策教育中心（出版单位）：数据报告 2011 - 德意志联邦共和国社会报告第二卷上发表的文章（第 220 页）：健康与社会保障。

15　根据联邦统计局数据，1999 年德国有护理需求的人口达到 202 万。

16　Boehn，Karin（2011）在联邦政策教育中心（出版单位）：数据报告 2011 – 德意志联邦共和国社会报告第二卷上发表的文章（第 220 页）：健康与社会保障。

17　参见 Baer，Helga；Lais，Sabine 和 Schmidt，Albert（2008）：大步前行：埃希斯泰腾村阿德勒加藤护理居住组开业，第 15–18 页。

18　社会和失智：

　　http：//www.wegweiser-demenz.de/gesellschaft-und-demenz.html[9.1.2012].

19　根据希曼扎克提供的数据，目前有护理需求的人群中 70% 是失智病人。

20　巴登符腾堡州养老院法（LheimG）。2008 年 6 月 10 日。

　　http：//www.landesrecht-bw.de/jportal/portal/t/90u/page/bsbawueprod.
　　psml?pid= Dokumentanzeige&showdoccase=1&js_peid=Trefferliste&fromd.
　　octodoc=yes&doc.id=jlr- HeimGBWpELS&doc.part=X&doc.price=0.0&doc.
　　hl=0#jlr-HeimGBW-rahmen[12.12.2011].

21　参见养老院法 §2："本法的目的是，保障和促进住户独立、自负责任、自主和平等参与社会生活（…）。"

22　有 5 个单人间和 3 个双人间。

23　护理等级 1

24　护理等级 2

25　包容性咖啡馆的主要股东是埃希斯泰腾村政府和村民联合会。

26　资料来源：

　　http：//www.hofgut-himmelreich.de/de/index.php?page=0.0.0[01.03.2012].

27　巴登符腾堡州统计局（2011）：凯泽斯图尔附近埃希斯泰腾村的人口年龄分布。斯图加特。

　　http：//www.statistik.baden-wuerttemberg.de/BevoelkGebiet/Demografie-
　　Spiegel/tabelle.asp?r=315030&c=3 [23.01.2012].

示范项目 2

苏斯特地区穆纳湖畔的
穆勒之家老年护理公寓
公益性责任有限公司

穆勒之家的历史起源

1969 年到 1998 年：
从农家大院发展成为养老和护理公寓

许多老年人一想起会有一天必须住进养老院时心里就发怵。"这里住的都是些老人"，经常会听人这么说。是啊，让老年人搬离熟悉的居住环境要比年轻人难得多。年轻人比老年人腿脚灵便，对深爱着的生活习惯没有那么多依恋。老年人往往也害怕日常生活受人管束或者必须遵循死板的作息制度。在搬入养老院时难得会有外出度假的那种喜悦和好心情。然而，奇迹还真出现了，马格丽特·斯特雷特尔就是一例。当她 2011 年初参观紧靠穆纳湖畔穆勒之家的养老和护理公寓时，就对她的爱犬，一条正当年的杏色狮子狗说，"飞卢，我们现在去度假喽。"

北莱茵威斯塔伦州苏斯特地区穆纳湖周边确实是非常受欢迎的旅游度假区。天好的时候，骑行者、徒步者和散步者沿着湖边道路熙熙攘攘，时而驻足欣赏宏伟的穆纳水库，这是当时欧洲最大的水库，2013 年庆祝了她的百年生日。所以亲近自然的位置对于养老公寓的住户和他们的亲属是个真正的宝藏，因为在探访之余可以在绿色中漫步。穆勒之家在 1974 年成立后之所以能够成为热门之地，还因为这里允许住户饲养宠物——住户允许携带自己家的宠物。这样做可以使老年人在搬进养老公寓时轻松许多，因为他们谁都不愿意将他们的宠物交给陌生人，更不愿意把它们送进宠物收容所，如果是这样的话他们宁愿放弃搬家。飞卢是马格丽特·斯特雷特尔的终生陪伴。"感谢上帝，它可以跟我在一起，否则我可能就不会来这里"，她说。

今天在科学界和文献上经常提及的动物疗法始于 1970 年代中期。一家很小的家庭企业率先尝试动物疗法，在当时是相当引人注目的。那是在 1969 年。玛丽亚·穆勒和她丈夫法兰茨·约索夫接手了湖边的这栋房子，那是一座老的农家大院。直到 1974 年，它一直被用作饭店和有 25 张床的经济旅店。由于每年 10 月到 4 月寒风肆虐，客人很少。这对有两个孩子的夫妇决定将其改造成养老和护理公寓。"当时

穆勒之家贴近大自然的位置不仅能让人远眺美景，而且允许在那里饲养宠物，这使许多老年人搬进老年公寓时轻松了许多。

...穆勒之家在 1974 年成立后之所以能够成为热门之地，还因为这里允许住户饲养宠物...

摄影：Judith Köhler

穆勒的老年和护理公寓紧挨在穆纳湖边，可以远眺 1913 年建成的水坝。

1974 年原来的农家大院变成了养老和护理公寓。住户允许携带他们自己的宠物或者喂养一直在院子里生活着的小动物。

摄影：Haus Müller

...穆勒之家可以提供全部三个等级的护理服务，一开始有 25 张床位，后来增加到 30 张...

我们经常接待来自盖尔森基尔兴聋哑人协会的客人。其中也有医生，他们非常喜欢这里的位置和平坦的地面"，玛丽亚·穆勒说。1974 年 11 月，穆勒夫妇获得了将经济旅店改造为养老和护理公寓的许可证。"我们事先参加了培训班，在医院实习了六周，学习了财会、园林和动物养护"，穆勒说。她自 1966 年以来住在穆纳湖边上的京内村，出生在绵羊养殖和加工的家庭。从 1970 年代中期开始，农村对于稀缺的护理床位需求已经很大了：在三周内这座新公寓已经满员，以至于又增加了两位经过考试的护理人员。穆勒之家提供全部三个等级的护理服务，从开始的 25 张床位增加到了 30 张。

在当时，将农家大院中的牲口包容到护理公寓的日常生活来，对于穆勒一家来说已经是习以为常的事。"我的父母想，很多老人愿意老来还能做

在穆勒之家的网页上说，这个方案至今依然有效。全国上下都把穆勒之家看作是"动物之家"。

》以前，别的养老院老是笑话动物理疗法，现如今他们对这个题目已经开放了许多《

法兰茨・乔治・穆勒

照片提供：穆勒之家

些有意义的事情", 她的儿子法兰茨·乔治·穆勒解释说。他现在管理着这套设施。穆勒家的两条狗——拉布拉多犬和尖嘴丝毛狗——被住户当作自己的宠物一样对待。开始时, 在 15000m² 的大院里生活着非常典型的家庭宠物: 狗、猫、绵羊、鸡、鹅和马。在 1970 和 1980 年代有近 500 只。很早就表明, 住户非常愿意帮助照料这些动物。这种劳动对他们不是负担, 对许多人来说这是一种新的生活内容, 因为这可以带给他们新的生活体验, 而且有一种老有所用的感觉。穆勒之家从 1974 年以来追崇的动物理疗法, 直至今日仍在成功地延续。"以前别的养老院总笑话动物理疗法, 现如今他们对此开放了许多"。法兰茨·乔治·穆勒说。"只要有可能, 住户们就会一直照料他们自己的宠物, 并担负责任。此外, 他们的心态也平和了许多, 并且通过有规律的散步也增加了活动量", 穆勒补充说。

今天这里还有约 250 只动物活跃在 30000m² 的院子里。"最近 20 年

许多以前的住户一辈子在农家大院里生活和劳动。饲养四条腿和两条腿的生物属于他们的日常生活内容。

...玛丽亚·穆勒和她丈夫经营这家老人和护理公寓直到 1998 年，后来他们的儿子在完成医疗护理师培训和护理服务与养老护理设施管理学业后，接管了这里的业务...

里我们增加了动物种类，主要是一些稀有动物”，法兰茨·乔治·穆勒说。在丰富的动物世界里，今天除了有鹦鹉、金刚鹦鹉、虎皮鹦鹉外，还有猴子、长吻浣熊和浣熊。

最早一批鸟是 1980 年来的，玛丽亚·穆勒回忆说。“当我们在吉纳村内搬家时，在我们新的房子里发现了一只亚历山大鹦鹉，今天还在呢”，玛丽亚·穆勒说。从此以后，她儿子开始对动物特别感兴趣，并参加了学习班，接受饲养稀有鸟类的培训。“今天，经常有人把有保护协议的鹦鹉交给我们，也就是说我们允许饲养它们，但不允许出售”，玛丽亚·穆勒说。由于鹦鹉可以一直活到 80 岁，而且经常是成双饲养，所以当伴侣死去以后，许多人就把另一只鹦鹉交给我们保护起来。

直到 1986 年穆勒一家也住在穆勒之家，后来他们在当地搬了家，由夜班护士照看住户。“原来我们 24 小时在，否则是不行的”，玛丽亚·穆勒

回忆说。所以一开始也没有考虑扩大面积。30 个住户加上动物，对于一个小的家庭企业恰好还能行。现在在外面还有很多申请的人，他们不愿意和他们的宠物分离，非常希望能在这里得到一个床位。在节日里让人能够特别感受到家庭的气氛，因为圣诞节和生日总是在一起欢度的。“我会给每个住户准备一份小礼物”，玛丽亚·穆勒回忆说。为了给每个人找到心仪的礼物，家里摆了一个本，住户可以把他们的愿望登记上去。

玛丽亚·穆勒和她丈夫经营这家养老和护理公寓直到 1998 年，后来他们的儿子在完成医疗护理师培训和护理服务与养老护理设施管理学业后，接管了这里的业务。“我们的儿子接管了全部工作，并且进行了扩建，对此我们感到非常高兴。这绝对不是理所当然的事”，玛丽亚·穆勒说。

玛丽亚·穆勒站在养老和护理公寓的祖屋前。

摄影：Judith Köhler

从家庭作坊到护理和服务中心

1998 年到 2012 年

穆勒之家今天已经成为真正的建筑综合体。在 14 年时间里，从原来的家庭作坊发展成为穆纳湖护理和服务中心，拥有能满足全部护理等级需要的 60 张全日制床位和有照料居住的 40 张床位。尽管有将近 100 名工作人员，尽管今非昔比，这里却仍然充满着家庭的气氛。玛丽亚·穆勒一周总会来几次，在大厨房里帮忙准备午餐，找她的儿子问这问那或者照料花草和护理院门厅里的摆设。

在法兰茨·乔治·穆勒接管了湖边小屋，也就是所谓的穆勒之家以后，他首先提供了 6 套有照料的住房。其中三套是寄居雇农的小住宅，在他自己的房子里，也就是他以前在场院里盖的那栋房子。另外三套是在 1999 年盖的，采用楼外居住组的形式。三年后又将 1968 年开业的小卖部扩建成了里面有 80 个座位，外面有 300 个座位的快餐店。2004 年建造了拉贡饭店并在当年开张。一年以后，紧挨着饭店又建了一栋名为威斯特法伦海的房子，增加了 20 套公寓用于有照料的居住。为了便于识别楼内的各个

区域，给每套公寓起了一个岛屿名字。社会服务部负责人迈克·厄婷解释说："那些房间叫叙尔特岛，尤斯特岛或吕根岛多好听啊。简单的叫 7 号房间多没有人情味啊。"就是在湖滨小屋里也给公寓起了名字，不过都采用湖泊的名字，比如埃德尔湖，蒂蒂湖或者比格湖。那栋房子之所以取了威斯特法伦海这个名字，是因为穆纳湖也称为"威斯特法伦海"。

在建成威斯特法伦海公寓的同时，诞生了流动式护理服务"穆纳流动"。从此以后，有 20 ~ 25 名员工为老人提供居家服务。这种扩展服务从穆纳湖大区域延伸到了苏斯特、巴德 - 萨森多夫和阿恩斯贝格。"始终由训练有素的专业护理人员提供护理服务，其中包括配药、换绷带和类似内容。在家政或骑车送餐服务方面，护理助理为我们的护理人员提供支持。"

就这样过了四年，直到今天的穆勒之家，发展成了一个有 60 张固定床位的养老护理中心。在 2009 年 11 月第一批客人入住前，湖滨小屋是真正的老年公寓，现在这里成了有照料

»那些房间叫叙尔特岛、尤斯特岛或者吕根岛有多好听啊。如果简单的叫 7 号房间，我们觉得太没有人情味了《

迈克·厄婷

居住的公寓。"新建一个项目真是费劲啊"，社会服务部负责人回忆说。我们必须满足法律要求，又希望保留穆勒之家的家庭气氛。法律规定细之又细：灯必须有多亮？过道允许和必须有多宽？哪种地面材料容易打理却又符合家常习惯？"搬家真是一次挑战。先是 30 个湖滨小屋的住户搬进穆勒之家，接着又来了新住户"，厄婷说。有很多申请者，不仅来自周边地区，而且来自整个德国，甚至还有欧洲的其他国家。"住户允许带他们的宠物是选择穆勒老年公寓的关键因素"，厄婷说。

在选择护理公寓内部设施方面，员工们费了不少心思。它既要符合家常习惯，却又要像正规养老院那样在建筑设计和卫生方面满足要求。和其他养老院那样，这里也特别重视标识，方便住户和员工定位。"楼里一共有五个居住区域，我们把它们按五大洲来划分。另外，每个房间边上有一张男住户或女住户喜欢的，并且尽可能与居住区域相对应的洲相匹配的动物照片"，厄婷解释说。

在顶层的"非洲"居住区，还有一个小礼拜堂，有实木板凳和一个圣坛。"为了营造气氛，我们决定采用实木板凳而不是可堆垒的座椅，虽然它们会更加实用一些"，厄婷解释说。作为社会服务负责人，她的任务除了协调和组织各类活动外，还包括召开班组会、接待来访者和公关工作。她时不时的也会遇到赫尔波特·沃塔瓦。他64 岁，是一个护理专家，领导一家本地区的养老院达 15 年之久。2010 年退休后，他来到了穆纳湖边的京内村。由于工作关系，他认识现在的负责人弗兰茨·乔治·穆勒。穆勒欣赏他的知识，马上请他做顾问。"我就想把我的知识传授下去。我感到非常欣慰，他们认真听取我的建议，并经常付诸实践"，在问他的动机时沃塔瓦如是说。由于他住的地方离这里有 60km 路，所以这位"万能"专家每星期二来，和护理服务部负责人伊丽丝·格雷博维茨密切协商，处理有关护理的各种问题，重点是保洁、家政和新员工的入职培训。如果穆勒之家的人想知道如何正确处理有感染的病人或者什么

今天，穆纳湖护
理服务中心有穆
勒之家（右图），
威斯特法伦海之
家（下图），拉姑
饭店和有小卖部
的湖边的房子。

摄影：Judith Köhler

…需要在满足法律要求和在保留穆勒之
家氛围之间找平衡…

穆勒之家的装饰是精
心选择的。这里有许
多老古董。

摄影：Judith Köhler

…在选择护理公寓内部设施方面，员工们费了不少心思…

时候可以在居住区的厨房里打扫卫生，她就去请教赫尔布特·沃塔瓦。对于在家里养动物的方案，这位有教养的病人护理专家虽然表示尊重，但他常常承认，他对此不太认同。他更愿意鼓励采用宗教的做法，并且在墙上挂了许多新教的图片和格言。在小礼拜堂里，每隔14天做一次礼拜。"来自明斯特方济会的修女冈萨琪丝主持礼拜仪式，主持圣祭礼仪的是彼得·维立，他是一位新教牧师"，沃塔瓦说。他自己出生于一个基督教家庭，给他影响很深。"我认为住户能够自由信仰很重要，她们不应该有必须隐瞒信仰的感觉"，他说。礼拜活动对住户很有帮助。当基督教圣歌响起时，一些人的心扉打开了，而这些人以前是无论如何不容人接近的。

沃塔瓦希望把住户从思想停顿的地方找回来。他称之为"回忆疗法"。所以，室内装饰不仅很美，而且很实用。比如在门厅里放着一架钢琴，在楼梯间里放了一架胜利牌缝纫机，在过道里有一架木制纺车，古董级的炉子上放着铸铁烧锅。它们不仅使护理公寓充满了人情味，而且也为老年人营造了一种家庭氛围。

与穆勒之家装饰用的许多古典家具相呼应，楼梯间里挂着住户们的照片，它们是由摄影师吉姆·拉科特拍摄并制作成了一本挂历。"挂历太成功了，由于要的人很多，公司又加印了一批"，法兰茨·乔治·穆勒回忆说。

装饰物不仅使护理公寓充满人情味，也为老年人营造了一种家庭氛围。工作人员特别希望住户舒适并有家的感觉。

在楼梯间的墙上挂了许多住户的照片，它们是由著名摄影师吉姆·拉科特于 2009 年为一本挂历拍摄的。

照片翻拍：Judith Köhler

老年护理中采用的动物辅助疗法

把动物作为游戏理疗师、健身教练和抗抑郁药

在穆勒老年护理公寓宽敞的大厅里，摆放着一架古典钢琴和两组沙发，边上还有鹦鹉劳拉的笼子。劳拉是一只威风凛凛的动物，长着黄绿色的羽毛和一张锋利的喙。它轻易不让人抚摸，更不让人随便喂食。它所看中的人里有90多岁的薇拉·勒曼。她白天常常坐在客厅里一张沙发上，注视着劳拉，请走过的人帮她看看水和食物够不够。"这样一种动物需要呵护，就像一个小孩，它不就是一个鸟宝宝么"，她说。对待一个动物必须像对待一个好人一样。她有两个孩子，出生于柏林，在那里从事绘画。她的孩子有时过来看她。老太太很高兴，主要是因为她的儿媳和劳拉相处得很好。

和薇拉·勒曼说话的人会感觉到，她对鸟儿有一种责任感。"必须和它说话，而不是把食物撒进去完事"，她强调说。穆勒之家有动物，使她很满意。"还可以更多一些"，薇拉·勒曼诙谐地说。

就像老年公寓网页上说的那样，动物在老年护理中是游戏理疗师、健身教练、小丑、抗抑郁药、青春之泉和社会

伴侣。正如穆勒之家所说，在老年护理公寓里，"动物有以下辅助作用"：

- 动物可以给住户传递一种我还有用的感觉
- 和动物共同生活可以提高幸福感和生活乐趣
- 住户们在喂养动物时找到了一种新的有意义的生活内容

这种实践经验在科学文献中也有记载。作者艾伦和拉尔斯在他们的"失智病人的动物辅助理疗方法"著作中，研究了动物对人体健康的促进作用，并将这种作用分为物理效应、心理效应和社会效应。"积极的物理／心理效应主要表现在稳定心脏循环系统方面。动物经常通过它们的存在产生降低血压和心跳的作用。"[28] 平衡训练和野外活动也有健康促进作用，书中继续解释。像薇拉·勒曼的情况，虽然还没有测量心率，但事实表明，她每天借助助行器走过房子去看劳拉，这自然就会增强她的肌肉组织，促进血液循环。

至于动物对人在精神和心理层面的影响，主要表现在认知激励和活动方面，

穆勒之家的特殊之处在于饲养宠物。住户允许将他们的宠物带到老年公寓里来。这样可以帮助他们适应新的生活环境。而且动物也有增进健康的作用。

摄影：Judith Köhler

"在这里我的宝贝是鹦鹉"，薇拉·勒曼冲着劳拉说。

作者写道。通过动物和动物饲养知识的激励，可以激发记忆力。与其他人的交流和谈话可以训练记忆力。在薇拉·勒曼身上也可以看到这种效果。在她找路过的人说话让他们照看水和食物时，就会产生关于动物的谈话，并反映出她的生活习惯。勒曼太太也会与其他住户交流关于动物的经验，她的记忆力得到了激发。和穆勒老年护理公寓的情况相似，作者黑格杜斯得出了以下初步结论："动物会接受它所面对的人，传递感情和肯定，施舍安慰和鼓励，并以此增进情感

上的幸福感。此外，尊重动物，理解它们的权威和力量，承担责任进而得到我还有用的感觉，这一切都有利于促进建立一种积极的自信心、自我价值观和自觉性。"[29]

除了物理和精神效应，核心效果还表现在社会影响方面。按照艾伦和拉斯·黑格杜斯的理论，动物还能产生防止孤独和自我封闭的作用。按照他们的观点，动物起到类似于社会催化剂和破冰船的作用。马格丽塔·斯特雷特尔太太和她的爱犬飞卢的故事就是一个很好

> 我经常去拜访的两位女士现在不再愿意出门了。除非我有一只狗在身边，她们才愿意一起出门 《

苏珊娜·罗德迈尔

的例子。当她在房间里或围着房子散步时，经常会和别人聊天。"没有哪个住户路过飞卢时不去抚摸它，并问寒问暖的"，玛格丽特·斯特雷特尔说。由此便会有新的接触和交谈。

社会服务部的员工苏珊娜·罗德迈尔是动物养老护理的支持者，她经常"借用"斯特雷特尔的狗或者玛丽洛特·恩努拉特的鹦鹉，带着它们走过房子去拜访那些不再能够走动或者非常退缩的老人。"动物们产生的作用比我大得多"，她说。即使在那些本来已经麻木不仁的住户那里，一般也会产生反应。"即使出现这样的反应'啊，又在嘎嘎大叫了'，那也已经是相当成功了"，罗德迈尔强调说。按照她的观点，动物是真正的破冰船，她们经常会逗得住户哈哈大笑。苏珊娜·罗德迈尔很愿意带着飞卢走过客厅，让狗狗去和每个人逗乐。在住户和动物之间也有相识的过程。比如马格丽特·斯特雷特尔喜欢玛丽洛特·恩努拉特的鹦鹉"宝贝"。"当然它总会说'滚'，去她那儿"，罗德迈尔笑着说。当然，宝贝是一只特别的鸟。"它不仅能唱小公鸡和吹口哨，还能让一个住户跟着一起唱或者吹口哨。鹦鹉也能分辨出需要帮助的人和健康的人"，罗德迈尔解释说。

苏珊娜·罗德迈尔也指出，动物在养老护理中有健康促进作用。动物不仅可以调节情绪，还能调动身体机能。"我经常去拜访的两位女士现在不再愿意出门。除非我有一条狗在身边，她们才愿意跟我出来"，罗德迈尔解释说。在苏珊娜·罗德迈尔的日常工作中，动物理疗只是其中的一小部分。她主要负责照料失智病人。"和智能发生变化的人打交道不是一件容易的事。你的思想必须始终处于跳跃状态，随时准备把他从思想停留的地方找回来"，她说。动物之所以能够帮助她开展工作，是因为它们可以帮她找到通往她想访问的那个世界的通道。苏珊娜·罗德迈尔一直没有实现又近在咫尺的一个梦想，是有一条属于穆勒老年护理公寓的真正的理疗犬。

这不是苏珊娜·罗德迈尔一个人的愿望，护理服务负责人伊丽丝·格雷博维茨已经为此奋斗两年了。"动物辅助理疗一直是我的一个兴趣重点"，正规学校毕业的护士说。她从 2011 年开始在穆勒之家工作。在她的一生中已经和动物打过交道，但是当她开始工作时，还没有人说起过动物疗法，这位 46 岁的护士说。1980 年代末，格雷博维茨在威斯特法伦－利佩景观协会从事精神病学工作。有一天，她的上司请她把他自己的三条阿富汗灰猎犬带到单位来。"那是一个有花园的封闭式老年站，狗可以在那里自由奔跑"，她叙述说。这种狗的身材方便抚摸。"不需要弯腰。在抚摸狗的时候不需要弯腰，不管你是站着、躺着或者坐在轮椅里"，格雷博维茨强调说。

目前，她将她自己的狗送去培训成理疗犬——这是一种基于私人愿望的途径，并不那么容易实现。就在三年前，她想参加一次动物辅助理疗的进修——在职进修并分成几个部分。但是由于私人原因未能成功。于是，两年前她决定送她自己的狗去接受理疗犬培训。事不迟疑，这个四口之家选择了一条澳大利亚牧羊犬，在品种上比较适合并且经常在理疗中投入使用。"然而，几个月后我们不得不承认，我们的澳大利亚牧羊犬在性格上不适合做理疗犬"，这位护理服务负责人说着摇了摇头。家里共同商量下一步该怎么办。由于伊丽丝·格雷博维茨以前曾经喂养过阿富汗灰猎犬，取得了良好的经验，于是就选择了卡莱布作为新的家庭成员。"把阿富汗灰猎犬作为理疗犬，这本来是很不正常的，但却很合适"，这位 46 岁的负责人说。阿富汗灰猎犬属于内向而又可爱的犬类，以几乎是猫的行为方式而著称。它们不冲，也没有侵略性。"卡莱布好像有一种灵感，在关键时刻它会退缩或者及时到位。我不知道是否已经有阿富汗灰猎犬被用作理疗犬的先例"，格雷博维茨解释说。

卡莱布 8 周大的时候进入了狗学校。专业部门测试了它的性格，看它是

》和精神失常的人打交道是很不容易的，你的思想必须始终处于跳跃状态，要把他从思想停留的地方找回来《

苏珊娜·罗德迈尔

摄影：Judith Köhler

摄影：Judith Köhler

否可靠和听话。接着，伊丽丝·格雷博维茨希望它能接受更多的培训内容，通过展览会寻找合适的联系单位。"找到好的进修单位真的非常困难。虽然有许多关于动物理疗的文章，但是几乎没有好的合适的出处"，她抱怨说。

从 2014 年开始，伊丽丝·格雷布维兹就把它带到穆勒之家。"卡莱布培训结束后，我有两种用它的可能。要么我牵着它走过屋子并随时用它处理特定的情况，或者我尝试有目标地去接近那些非常安静或者一个人待在那里或者需要活动的人"，她说。

穆勒之家的员工们在与狗合作方面有很高的积极性。这就提出了无法回避的问题，动物理疗为什么得不到推广？为什么好像只有在这里才能成功，而在联邦共和国的其他地区不能实现和得到资助？伊丽丝·格雷布维兹的回答很简单："之所以在这里能够成功，是因为弗兰茨·乔治·穆勒来自农村，自小和动物一起长大，而我又

左图：玛丽洛特·恩努拉特和苏珊娜·罗德迈尔把她们的鹦鹉"宝贝"放到了中间。

右图：玛格丽特·斯特雷特尔和两个威斯特法伦海之家的住户在一起。

》在这里能够行得通，是因为法兰茨·乔治·穆勒是农村人，自小和动物一起长大，而我又是一个'动物疯子'—— 这种组合是少有的。《

伊丽丝·格雷布维兹

是一个'动物疯子'——这种组合是少有的。现在养老和护理院的负责人大多是城里人"，她解释说。在经济上，动物带来的更多是盈利而不是负担。弗兰茨·乔治·穆勒说："费用是有限的。只有浣熊比较贵。"而浣熊和长鼻浣熊非常适合给住户观看，这是我们愿意继续饲养的原因。他经常观察哪些动物适合穆勒之家，哪里有需要，住户在哪些方面可以获得乐趣。此外，动物饲养在这里行得通，也是因为穆勒之家仍然是个家庭企业，而他又始终在现场。"其他养老院失败的原因，是员工们13：00就下班过周末去了。在这里是不可能的，动物们是不会安排自己的时间的。有一次我要让一匹马在除夕之夜入睡，我就一直守在现场"，穆勒强调说。

在养老院饲养动物，从卫生角度看原则上也没有什么不合适的。"养老院应该是一个居家"，法兰茨·乔治·穆勒强调说。当然，动物必须健康，接种过疫苗，这是很重要的。除了这些，饲养动物是没有问题的。"必须遵守标准，但也要允许人活啊"，他补充说。无论从哪方面说，动物在日常护理中是赢家。

法兰茨·乔治·穆勒
从 1998 年开始领
导穆勒之家。

摄影：Judith Köhler

163

穆勒之家的动物

农家大院乡村气息和多种稀有动物的组合

穆勒之家的动物种类最近 20 年里一直在变化。一开始只有农家大院常有的动物，如绵羊、马、鸡、猫和狗，最近是在 1998 年发生了变化。稀有动物越来越多，主要增加了鸟类，如普通鹦鹉和金刚鹦鹉。我们发现，老年公寓里的住户特别喜欢这些不寻常的动物。"很快消息就传出去了，说我们在紧急情况下，也就是当一只鹦鹉的伴侣去世后可以接收留下的那只鹦鹉"，迈克·厄婷解释说。所以这几年我们接收了越来越多孤独和生病的鹦鹉。

2005 年还有一只名字叫婷卡的马，后来给人了，因为它太孤单了。由于和哈姆动物园的关系很好，15 年前穆勒之家来了第一批卷尾猴——因为动物园里太多了，必须为它们寻找新的居所。最后增加的动物是在三年前，它们是浣熊和长鼻浣熊，是通过苏斯特动物收养所取得联系的。"一开始有三只长鼻浣熊，它们是三个姑娘，当然后来它们又繁殖了"，迈克·厄婷微笑着说。

浣熊也生了后代，一共 6 只小熊。不知什么原因，有两只小熊妈妈不要。

"诶尔韦兹和露娜，我们只好人工喂养。它们现在是动物群里最受喜爱的，所有曾经帮助过人工饲养的住户还一直定期去看望它们"，社会服务负责人说。关于浣熊宝宝的人工饲养，我们在家庭报纸上还做了详细报道，这样可以让那些不能积极参与的住户也能分享其中的乐趣。除了日常工作，这位护理负责人还有目标地观察在住户那里可以放养哪类动物。所以，鹦鹉宝贝去玛丽洛特·爱奴拉特那里并不完全是偶然的事。8 年还是 9 年前，社区服务者给她带来了这只鸟并对她说，它快死了。"它让我好伤心啊。现在我把宝贝又养活了"，爱奴拉特夫人今天说。她们两个的关系是很贴心的。社会服务部的苏珊娜·罗德迈尔叙述说，开始时爱奴拉特把她的餐食先端给鸟儿吃，直到今天她还要每天把她的午餐分一小份给它。"宝贝是她生命的全部"。她经常说："'宝贝'先来，然后才是'我'"，罗德迈尔说。当然，也因为此，护理专家也说了一些难听的话。然而，爱奴拉特要是没有了宝贝会怎么样？那是不行的，罗德迈尔肯定地说。"她们两个聊得可好了。有时候从声音里可以听得出来，好像这只鸟在摇着头高声叫嚷，逗得爱奴拉特哈哈大笑"，她继续说。

法兰茨·乔治·穆勒非常有意识地利用家养的动物给住户们带来快乐。玛丽洛特·爱奴拉特自从有了这只宝贝就获得了新的生活责任，她要对这只动物负责，她要照料好这只鸟。"或者再举一个例子：我们这里曾经来了一位矿工，他习惯凌晨四点起床。他是我们这里第一个到动物那里去并照料它们的人。如果没有动物的话，也许他直到起床时都会很消沉"，穆勒说。

在穆勒的老年护理公寓里——在公寓里、动物园里和院子的其他房子里到处都有动物。在湖滨楼里有 9 套提供照料居住的单人公寓——并非人人都有宠物，但是大家都喜欢动物，花很多时间和动物相处。安妮·雷费尔特 2010 年开始住在湖滨楼里，最近有了一只名字叫穆勒的猫。"它是一只很腼腆的动物，大部分时间待在我的衣柜上面"，她说。动物养护人员有一天把这只猫给她抱来了。这只猫从哪里来她不知道。这位 80 岁的老人和玛蒂娜·伯克曼是好朋友。伯克曼和她的长毛腊肠犬巴鲁住在湖滨楼里。两个人已经认识很久了，当时玛蒂娜·伯克曼在利普斯塔特的巴特·瓦尔特里斯本担任老年护理员，是安妮·雷菲尔特的联系人。出于相互尊重的原因，她们至今仍然互相用尊称。安妮·雷菲尔特跟以前一样叫这位 53 岁的朋友为"玛蒂娜护士"。伯克曼两年前因青光眼失明了，今天这位 80 岁的老人在照料她的朋友。"她给我做饭，帮我料理家务和照看巴鲁。我觉得她太可爱了"，玛蒂娜·伯克曼说。安妮 雷菲尔特则摇着头问："为什么？您以前不也是这样做的么，不管您愿意不愿意。"

对这两位夫人来说，动物是第一位的。尤其是玛蒂娜·伯克曼，她离不开她的长毛猎肠犬巴鲁，她从小一直养到现在。"巴鲁是我生活的任务。它每天赋予我新的生活勇气，鼓励我安慰我。有了它我不再孤独"，她说。伯克曼为找到了能够和她的狗一起生活的地方而高兴。医疗保险机构的一位女士把她带到了湖滨楼。她的护理工

现在有两组卷尾猴。长鼻浣熊从 2009 年来到穆勒动物园以后也繁殖了很多。

本来给她找了另一家养老院，但是那里不让她带巴鲁，这样她就必须把它送到动物收容所。"这对我是不可接受的"，她说。这位 53 岁的女士说起她的狗时充满着爱意并露出会心的笑容。"它最爱吃猫粮，它是一条讨人喜欢感情细腻的狗，它可以平息争吵"，她说。对有照料的居住特别满意地方，是她可以独立自主。"我有自己的小房间和我的宁静。养老院还轮不到我，我还

太年轻"，伯克曼强调说。

赫尔波特·贝希特同样住在湖滨楼里。和那两位女士不一样，他的兴奋却有分寸。这位 69 岁的矿工在一起工作事故中失去了右腿，在医院里躺了一年。现在他坐在轮椅里，不太喜欢院子里的这种隐居生活。"我哪儿都去不了，也不能开车去买东西"，贝希特抱怨说。就在贝希特说话的当儿，他的一个熟人在角落里弯下腰来。他正

》一开始有三只浣熊，是
三个姑娘，当然她们后来
又繁殖了许多《

迈克·厄婷

摄影：Judith Köhler

167

安妮·雷菲尔特和玛蒂娜·伯克曼与长毛腊肠犬在一起，右边可以看到穆勒。那只腼腆的猫经常躲到柜子上面。

摄影：Judith Köhler

好牵着他的杰克罗素梗贝娜·佳希。就在他看到这两位时，坏情绪消失了。他简短做了道歉，转着轮椅快速来到餐桌，拿起两片香肠送到它的嘴巴跟前。根据贝希特的命令，它顺从地伸出它的爪子，马上便得到了一片香肠。赫尔波特·贝希特的脸上笑开了花，贝娜显然也很满意。它的主人也很满意，即使他"现在要带着它多走一圈"，他说。

当他们又开始散步的时候，赫尔波特·贝希特的话匣子打开了。"这里有动物太好了。我和所有人都处得很好。我最喜欢门口的鹦鹉，特别是品吉"，他说。早上，鸟儿们也能从我的早餐中分享一些，他微笑着说。赫尔波特·贝希特和根特·库拉特经常坐在湖滨楼的门厅里一起用早餐。库拉特出生在乌纳附近的村子里，是两个孩子的父亲，他们时不时的来看他。这位以前的电工住在湖滨楼里有三年了，只能依靠电动车行动，说话也很困难。尽管残疾，除了雨天，他还是每天去

》巴鲁是我的生活任务。它每天给我新的生活
勇气，鼓励我，安慰我。有了它我不再孤独。《

玛蒂娜·伯克曼

除了下雨，根特·库拉特每天都要去喂鸡。有时他也去看看散布在院子里的猴子、浣熊和长鼻浣熊。

摄影：Judith Köhler

》这里有动物多好啊，我和大家相
处得非常好《

赫尔波特·贝希特

171

...管家莱纳·科尔许特负责照料动物和清洗笼舍。他从 2010 年开始负责里里外外的事务...

穆勒动物园紧挨着老年公寓和服务中心所有房子的边上，从哪里都易于到达。还为住户和来访者准备了许多凳子。

摄影：Judith Köhler

…穆勒之家的特殊之处在于它的位置和动物 —— 》我就是一天
到晚跟它们忙乎《，莱纳·科尔许特笑着说…

动物园喂鸡。"太美了，好轻松啊"，他说他有时也去看猴子和浣熊。忙活这些事每天要一个小时，有时候还长一些，他说。

管家雷纳·科尔许特负责饲养动物和打扫笼舍。他从 2010 年开始负责此事，统管里里外外。最近他有了一个助手，帮他干活。穆勒之家的特殊之处在于它的位置和动物 – "就是这些动物让我忙乎"，他笑着说。每天他们都要看看水和食物够不够，定期清洁笼舍。"有一次一只猴子逃跑了，让我在林子里找了三天。从那以后我熟悉这个村子宅前宅后的每个院子"，他叙述说。这只猴子是在车库主人给我打电话以后，在一个车库里重新找到的。"这猴子好灵活啊"，他总结说。

卡尔·菲利普和他的终身伴侣乌苏拉·波赫尔也喜欢坐在猴群面前。这两个人是在穆勒之家认识的，每天待在一起。两个人都喜欢动物，一起照料乌苏拉·波赫尔的狗'乔'，这是一条6 岁大的西高地狗和约克郡狗的混血种。他们能够到处带着乔是一种享受。"乔是我每天的陪伴"，84 岁的她说。"它懂我，安慰我，听我说话，随叫随到。

不管白天还是晚上"，她继续说。晚上它睡在它的小篮子里，从来不会使她和她的终身伴侣烦恼。卡尔·菲利普在日常生活中为乌苏拉·波赫尔提供力所能及的帮助。由于他的终身伴侣现在必须依靠助行器，这位 86 岁的老人帮助牵着小狗。"我们能在一起感到很高兴。只可惜我们俩没有早点认识"，他说。

两个人六点半左右起床，先喝一杯咖啡。天好的时候，他们喝完咖啡就出门，看报纸或者观察动物，主要是猴子和浣熊。吃完午饭就休息一会儿，接着又出去散步。"晚饭后就上床睡觉，乔也必须进到它的篮子里，不管它愿意不愿意"，乌苏拉·波赫尔说。住进老年公寓，是卡尔·菲利普的一个临时决定，因为他一个人已经无力料理家务了。而对于乌苏拉·波赫尔，住进穆勒之家是经过深思熟虑的。"我在电视里看到了关于穆勒之家的报道，觉得在那里允许带自己的宠物太好了"，她叙述说。她的三个孩子中有两个经常来看她，因为他们就住在附近。星期天她的儿子来，平时她的女儿来，乌苏拉·波赫尔说。

卡尔·菲利普和乌苏拉·波赫尔两个人一起照料着他们的狗乔。乔是他们的伴侣，和它分开是不可想象的。

》要是我必须把切尔西给人，
那我就不来了《

玛格达雷娜·赖纳特

跟她们一样，马格达莱纳·赖纳特和她的狗一起住在穆勒老年公寓里。切尔西是一条 11 岁的西班牙猎犬，82 岁的大妈从小带到大。2011 年搬家时她非常犹豫，主要是她不想失去她的狗。"要是我必须把切尔西给人，那我就不来了"，她严厉地说。狗是她的全部。"如果有一天狗不在了，那我也不想活了"，她解释说。她们两个一起散步聊天。现在这位有两个儿子的

母亲很懊恼，为什么不在我孩子还小的时候就养一条狗呢。"我男人是一直想要一条狗的，可是我反对，因为我想，它们只会弄脏我的东西。在我男人去世后，过了几年切尔西来到了我的身边，我就因为没有早点成为犬主人而感到遗憾"，马格达雷特·赖纳特解释说。2012 年 8 月 21 日是她们结婚 60 周年，她回忆说。

乌苏拉·波赫尔和卡尔·菲利普同狗乔在一起。左图：马格雷娜·赖纳特和她 11 岁的西班牙猎犬切尔西。

摄影：Judith Köhler

在穆勒之家的生活和工作

住户和员工有着丰富多彩的日常生活

保持头脑清新——这是穆勒之家每个星期四上午要做的事。今天上午的安排是读报和做记忆力游戏。护理人员把愿意参加活动的住户从他们的房间里接到一楼的公共活动室。9点一刻左右就开始活动了。社会服务部的苏西·蒂尔曼主持两轮活动，她特别注意尽量让大家都参与进来。首先，她读电视节目和苏斯特电台的各种报道，一个年轻人失踪了，水费上涨，在哥伦比亚一条4米长、30公斤重的蟒蛇（用确切的话说）'杀死'了一辆汽车发动机。住户们听得很认真，并不时地对各种报道发表评论。大家对其中的一则新闻讨论特别执着，现在有一半的小学生在四年级末还不会游泳。"这是不可能的"，其中一位住户说，其他的人点头表示赞同。在一小时后的记忆力游戏中，苏西·蒂尔曼接着新闻报道，希望每个住户谈谈他们自己，比如他会不会游泳，在哪里学会的。反响是千差万别的。在场的人绞尽脑汁回忆他们的童年时代。大部分人愿意叙说，在什么样的情况下和在哪里——是在游泳池、湖里还是大海里——学会了游泳。有些人还讲故事，说他们的宠物如何情愿或不情愿地学习了游泳或者到了水里。切尔西也在场，那是玛格达雷娜·赖纳特的狗。当陌生人从它面前走过时，切尔西有时会吼两声，但没有打扰任何人。

除此之外，在读报过程中，讨论最多的题目是电视节目和星座。"有侦探片吗？"，一位女住户问，而另一位则希望知道她旁边的人是什么星座。在接着进行的记忆力游戏中，苏西·蒂尔曼引导大家做问答游戏：你母亲的母亲是…？澳洲青苹是什么颜色？谁以前给自己做过果酱？做了什么？果酱还是苹果慕斯？住户们很愿意回答问题，有些人会因此而回忆起一些经历并讲给大家听。

在读报和做记忆力游戏的同时，护理人员正忙着准备午餐。伊丽丝·格雷布维兹作为护理服务负责人掌管着穆勒之家的35名员工。她负责排班和休假计划，组织员工培训。在工作中，她得到了赫尔伯特·沃塔瓦强有力的支持。当他自己还是养老院领导的工作期间，他追崇的目标是要让本地区的养老院像联盟一样开展合作。这尤其对于需要考试的护理人员培训是非常有意义的。"让一个养老院把全部工作人员放出去一天是不可能的。为了争取到一定数量的人员来参加培训，建立一个联盟是值得追求的解决方案"，沃塔瓦强调说。在新员工入职和保洁方面，他也为伊丽丝·格雷布维兹提供支持。"医疗保险机构的医务人员会每年检查一次养老院，对于卫生标准、家政和护理方案有一个检查期限"，沃塔瓦解释说。他与护理服务部负责人密切合作，编制计划网络图，做好检查前的准备工作。伊丽丝·格雷布维兹补充说："卫生必须十全十美。特别是当家里养动物时，必须认真检查。必须保证没有传染病，打防疫针和杀虫。"

多雷恩·迪威尔是一个经过考试的护理员，从 2012 年 3 月开始在穆勒之家工作。她在她负责的居住区是值班护士，负责治疗护理、发药、更换绑带，在病人与医生交谈时在旁边协助。尽管饲养动物，迪威尔对卫生并不担心。"只要没有严重的伤口或者开

放式通道，就没有问题。如果存在上述情况，我们就不让动物进来"，她说。穆勒之家既要遵守卫生标准，又不能让公寓成为消毒间。"住户们应该感到舒适。再者，护理公寓经常是住户走完人生的最后一站。"在柏林出生的这位女士在穆勒之家感觉很舒适。不仅是因为这里有动物，而且也是因为这里的居民客户。"这里不全是老人，也有 50 和 60 岁出头的人"，她解释说。

这位 34 岁的护士虽然仅在工作之余附带着和动物打交道，但是她感觉到了两条腿和四条腿对人的感情。当社会服务部的人带着鹦鹉或浣熊走过时，住户们都会很高兴。"动物就像联系人一样始终在跟前，所以这是住户们所拥有的最宝贵的财富"，迪威尔说，并补充道，动物无形中起到了对老人理疗的效果。"通过定期散步活动了关节，使住户保持健康"，她解释说。对于迪威尔来说，穆勒之家是她服务过的第五个老年公寓。在其他养老院里，饲养动物是被严格禁止的。"在住进养老院之前，他们必须把他们的宠物送给动物收容所。这对于绝大部分人来

» 人必须始终保持风趣。 《

法兰茨–约瑟夫·赫尔兹曼

说是很糟糕的事"，她回忆说。

卡特琳娜·德洛尔斯哈根对她同事的叙说表示赞同。穆勒之家比其他养老院更有家庭气息，这里有许多动物，这位护理急救员说。德洛尔斯哈根是最了解情况的：她已经为穆勒家工作 28 年了。先在穆勒之家，现在在流动护理服务站。"穆勒之家的特殊之处，是这里始终洋溢着家庭气氛。所以住户们感觉很舒适。没有无聊的时候"，她说。动物对于他们是最好的游戏理疗师。"我们这儿曾经有过一匹马，住户们为此忙得不亦乐乎，即使只是把剩下的早餐分给它们享用"，她回忆说。动物对老年人真的非常有好处。即使那些没有自己宠物的人，也能找到与动物的联系，她补充说。

埃迪特·福尔津斯基是住户中的一位，卡特琳娜·德罗斯哈根这样认为。这位 84 岁的老人虽然没有自己的宠物，但是她很关心边上动物园里的生灵。"我从一开始就一直给猴子喂食。当然是得到了穆勒先生允许的。有时候也有葡萄和葡萄面包，这时候猴子们会来疯抢"，她笑着说。开始时还有许多小猫，后来逐渐来了一些猴子、

浣熊和长鼻浣熊。这位经过培训的零售业销售员和四个孩子的母亲从 2005 年中开始住在威斯特法伦海之家。她的日常生活充满休闲和生活乐趣。每周二她去健身，从昨天开始有一个下午做游戏，以后应该每周有一次，她叙述说。

参加这个午后游戏的好像还有法兰茨–约瑟夫·赫尔兹曼，他是穆勒大院 AIDA 合租房的住户。这位 70 岁的大爷习惯于每天上午在穆勒之家二楼的公共活动室玩"十字戏打"游戏来消磨时光。"我四点半起床，喝一杯咖啡，看报，然后去威斯特法伦海之家用早餐"，他叙述说。接着他在穆勒之家和别人一直玩到午餐时间。夏天他午饭后躺一个小时，再看看下午干点什么。他的合租房有一个公用厨房，一间起居室，一个浴室和一个阳台。三个住户每人有一间自己的房间，但不是每个人都需要接受护理服务。赫尔兹曼还很干练，一个人过日子没问题。而他的合住者则整天躺在床上。"这里人来人往"，赫尔兹曼说。必须适应这种环境，自得其乐。忠于这个格言："人应该始终保持风趣。"和许

摄影：Judith Köhler

多其他住户不同，他不太喜欢动物。"我就是走过而已，没有别的"，他说。以前他有过一只狗，现在他不想再要宠物了。他更愿意去钓鱼。在高架桥上他钓到梭子鱼、梭鲈和鲈鲹。"我随手就送给那些路过的游客和路人"，赫尔兹曼说。

就在住户们有时间安度丰富多彩的晚年时，工作人员则每天面临着新的挑战。无论问谁，都在忙乎。比如，对于赫尔波特·沃塔瓦非常重要的是要让员工获得高度尊重，以此提高他们的积极性。另一项挑战是要让穆勒之家在 MDK（医疗保险机构的医疗服务评级）评级中获得 1.2 的高分，他说。玛丽亚·穆勒则认为该歇歇脚了。"一直在搞建设"，她说。

现在必须先歇会儿了，把欠的钱都还清，因为现在给私人护理公寓只有很少的补贴，她补充说。她的儿子法兰茨·乔治·穆勒作为穆纳湖老年护理公寓的领导，同样从企业经营的角度看到了挑战。饲养动物在这方面没有问题。和其他私人护理公寓一样，收入的主要来源是护理收费、房租和社会保障厅的补贴。"我们欢迎捐赠，但并不急切地依靠捐赠"，他说。迄今为止，老年护理公寓为有来自全世界的大量需求而高兴。"传统意义上的排队名单在我们这里是没有的，因为来询问的人大多是急需一张床位的"，穆勒最后说。

上图：
卡特琳娜·德罗斯哈根和住在威斯特法伦海之家的埃迪特·福尔津斯基在一起。

181

玛加丽塔·斯特莱特尔
和她的狮子狗飞卢。

摄影：Judith Köhler

住户采访录

玛加丽塔·斯特莱特尔

玛加丽塔·斯特莱特尔来自绍尔兰地区的梅舍德镇。这位有着两个孩子的母亲一直在工作。即使在结婚以后，她仍然作为教育家为残疾和弱智儿童奔忙。2011 年 3 月，她的丈夫去世，一个月后她带着 9 岁大的杏色狮子狗飞卢住进了穆勒之家。飞卢是她生活的唯一和全部。"它需要我，我也需要它"，她说。

您从 2011 年 4 月开始住在底楼带露台的一居室房间里,您满意吗?

我觉得很好,这里有动物,对老人是最好的。可以抚摸动物,就像直接跟某个人一起做事一样。另外我觉得这里的环境超级好。鼻子底下就是水,迈步就进入大自然。当我和飞卢参观完穆勒之家后,我就对它说:"现在我们度假去喽。"

为什么有动物对老人是最好的?

动物可以帮你解脱病痛。它们走过来,让你抚摸给你安慰。飞卢在这里时不时地被用作理疗犬,效果很好。有一位老太太都不再愿意出门了,现在却和飞卢一起出去散步了。她可以牵着它并对它负责。多美啊!

允许带着您的狗一起住进老年公寓,对您有多重要啊?

这几乎是决定性的。否则我可能就不来了。飞卢是我日常生活中的伴侣,它一直陪伴在我身边。有时候我心情不是很好,哼哼唧唧的。这时候它会马上坐到我的床边,让我振作起来。

当您和飞卢一起走过穆勒之家时,会发生什么情况?

从飞卢身边走过的人没有不抚摸它的,并向我和飞卢问好。这样我就会跟很多人交谈。

您也去看看别的动物吗?

去,我还教会一只猴子鼓掌呢!我先给它吃了一小块蜂蜜饼。动物能给人乐趣。

您平时的一天是怎么过的?

我的病使我在生活上受到一些限制。我的肾完全失效了,所以每隔一天就要去做一次透析。这就是说,我早晨三点半就要起床,五点钟来一辆出租车接我去做透析。我在那儿待到十点半。回到穆勒之家,我就和其他住户一起用午餐,然后我歇一会儿。天好的话,下午飞卢和我出去散步。这一晃就到晚饭时间了。

您多长时间能见一次家人?

我的孩子们就住在附近,我经常能见到他们。我的孙子经常给我打电话。

玛加丽塔·斯特莱特尔的儿媳妇马尔吉特·德莉丝－斯特莱特尔也愿意来看望婆婆。数年前她就认识了穆勒之家。当然，当时是为了她的叔叔，因为他想从鲁尔区搬到穆纳湖来。

德莉丝－斯特莱特尔夫人，是什么让您马上喜欢上穆勒之家的？

穆勒之家散发出温馨的气息。那种地中海风情让人马上感觉很舒适。在其他养老院我没见到这样的形式，那里虽然非常洁净，但缺少家庭气氛。相比之下，穆勒之家走了一条很好的中间道路。这里不像诊所那样，其实地上有根毛絮也没事的。

所以您也让穆勒之家来照料您的婆婆？

正是。在我公公去世后，我丈夫和我就在想，穆勒之家对婆婆也许是不错的选择吧。让我婆婆搬家不容易啊，她必须放弃她一手操持起来的这一切啊。在这种情况下，飞卢能跟她一起走就显得特别重要。现在，她在穆勒之家过得很舒坦，身体也好多了。

您如何评价这里的动物对住户的影响？

我认为动物非常重要，因为住户们会一起去散步，看长鼻浣熊和浣熊或者鹦鹉，互相聊天，一起活动。此外，这里还有一家快餐厅，可以去吃饭。这里真的有一种度假的氛围。

一年半前，除了穆勒之家还有别的选择吗？

没有，任何一种别的选择都会不可收拾。我们最多可以尝试请一个全日制护工，好让我婆婆留在她自己的家里。我们找到离家这么近的穆勒之家真是大幸。

爱娃·黑尔维格

爱娃·黑尔维格和她丈夫一起在帕尔马岛上生活了 30 年。那里他们有一个名叫"小墨西哥"的仙人掌园。在她丈夫 2003 年去世后，她两个儿子中的一个认为，让她年纪大了回到德国可能会更好一些。今天已经 80 岁的老人当时就同意了，从 2010 年开始她和她的拉布拉多犬爱玛一起住在湖滨楼里。这只 8 岁大的狗女士在爱娃·黑尔维格那里担任"第一小提琴手"。

》我认为，动物是让我们幸福的组成部分。《

爱娃·黑尔维格

摄影：Judith Köhler

爱娃·黑尔维格（左）和她的邻居海迪·塞尔纳，还有两只狗爱玛和三迪。

您怎么找到湖滨楼的?

是我儿子鲁茨替我找的。我丈夫去世后,他觉得我的身体依赖于长期的医疗服务,所以最好从帕尔马搬回到德国来住。他之所以找了湖滨楼,一方面是因为他就住在附近,二则我可以带着我的狗爱玛。要是不让我带爱玛,我就必须另找出路了。

从什么时候开始您有爱玛的?

因为我不喜欢西班牙斗牛犬,有一天我儿子给我带了一条小狗到帕尔马。那是 8 年前的事了。我一直喜欢大狗,所以非常高兴。现在我需要助行器了,和爱玛一起出去散步就非常困难了。我的邻居和女友海迪·塞尔纳现在替我遛狗。

海迪·塞尔纳也有一条狗,对吧?

是的,一条小狗名字叫三迪。我不在家的时候,塞尔纳夫人也帮我看爱玛。在她那里我放心,爱玛会被照顾得很好的。

您和爱玛一天是怎么过的?

很棒啊,我们到哪儿都可以带着狗,有的时候吠两声也不扰民。我 6 点左右起床。一周三次来护工帮我洗淋浴。接着塞尔纳太太和我一起吃早饭。然后各做各的事。周四上午除外,那天我们一起在穆勒之家做记忆力游戏。

您需要什么样的帮助啊?

洗澡和搞卫生。清洁女工每周来一次。余下的有我儿子来管。他帮我购物,每周至少来一次,大多数是周日来。我的另一个儿子在巴伐利亚,所以我们不常见,但经常打电话。

爱玛在日常生活中是如何帮助您的?

它绝对是我生活的一部分。当我一个人的时候,我就和它说话。有一次我头晕摔倒了,爱玛过来把头枕在我的肩上。这使我深受感动,也给了我安慰。我认为,动物属于让我们幸福的组成部分。

海迪·塞尔纳

　　海迪·塞尔纳出生在杜塞尔多夫，以前是一位理发师。
2005 年开始和她患重病的丈夫一起住在威斯特法伦海之家。
她丈夫 2009 年 3 月去世时，她并不特别悲伤，因为她还有
她的宠物 – 两只狗和一只美冠鹦鹉。2012 年 69 岁的她搬
进了湖滨楼。

您怎么知道穆勒之家的?

我从西德意志电台的一个节目中看到的,并立刻记下了名字。当我去参观的时候,威斯特法伦海之家还在规划中。

您怎么选择威斯特法伦海之家的?

我丈夫 2001 年得了严重的脑中风,从此半身瘫痪,说话也不行了。直到他去世,护工一直给了我非常好的帮助。我们从未后悔过我们搬家。我们在这里还一起度过了非常美好的三年。

您搬来时带了几只动物?

两只狗——马科斯和三迪。马科斯是一只混种刚毛犬,活到 14 岁,2012 年去世。我丈夫在 1996 年 12 月 30 日从一只垃圾桶里发现它的。一个兽医当时估计它有六个月大小。三迪,我们的约克夏狗已经养了 10 年了。后来又来了我们的美冠鹦鹉可可芬。我男人还见过的呢。

动物对您生病的丈夫有多重要啊?

我丈夫患了这种病以后,我找了三迪作为他的理疗犬。两个相处得很好:当我男人挠左腿的时候,三迪就知道他要用健康的左手抱它。三迪到我们家还不到四个小时,他就笑开了。有时候它也在他脚弯弯里睡觉。动物对于灵魂非常重要。像我们这种情况,它作为抚慰者是绝对不可或缺的。

您丈夫去世后,你必须适应一个人过日子的境况。您现在的业余时间是如何安排的?

我参加了合唱团,还参加歌唱班。我还定期去游泳,和两条狗一起散步。所以你看我还这么精神抖擞的。

》动物对我们的灵魂太重要了。像我们这种情况，它作为抚慰者是绝对不可或缺的。《

海迪·塞尔纳

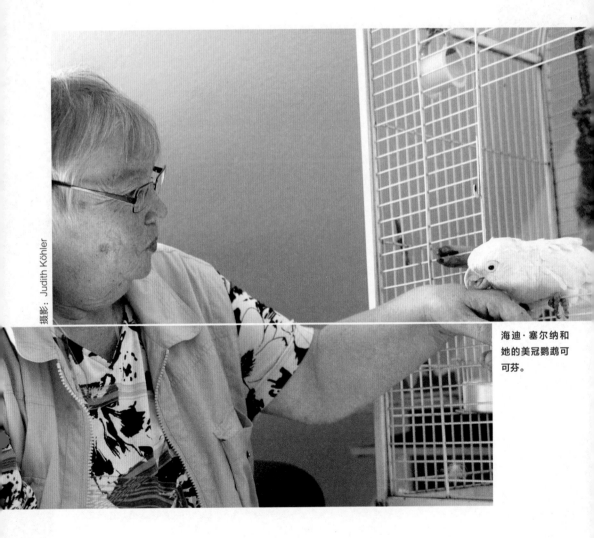

摄影：Judith Köhler

海迪·塞尔纳和她的美冠鹦鹉可可芬。

数据、数字和事实

1917	穆勒之家被用作农家大院
1943	水库堤坝在战争中被毁坏，大部分建筑也被损毁。 轰炸结束后又重修了堤坝。
从 1944 年起	原来的农家大院变成了穆勒经济旅店
1968	饮料和点心小卖部开业
从 1969 年起	农家大院改扩建为经济旅店和饭店 夏季几个月里穆勒经济旅店用作聋哑青年的度假村。
1974	穆勒经济旅店变成了"穆勒老年人经济旅店"。在院子里还养着鸡、鸭和山羊。旅店由玛丽亚和法兰茨·约瑟夫·穆勒管理。周围生活着大约500 头牲畜。
1998	儿子法兰茨·乔治·穆勒接管老年人经济旅店，并逐步扩建为穆纳湖护理服务中心。以前大院有 15000m^2，扩建后达到 30000m^2。在护理公寓基础上现在又增加了有照料的居住。动物种类增加了稀有动物如鹦鹉。同时，动物数量缩减到了大约 250 只。
1999	增加了一组院外住房用于有照料的居住。
2002	原来的小卖部改建为有 80 张室内座位和 300 张室外座位的小酒馆。
2004	建造了室内有 100 张座位的拉高饭店并开业。
2005	威斯特法伦海之家落成并入住。与此同时成立了"穆纳流动"护理服务站。护理服务为在有照料居住范围内住在威斯特法伦海之家需要护理的人员和苏斯特周边其他需要护理的人员提供服务。
2009	新建穆勒之家为全部护理等级提供 60 张全日制护理床位。在老年和护理中心有约 100 名工作人员。

穆纳湖

》在穆纳湖老年护理中心有大约100名工作人员《

穆勒之家的动物

■ 鸡、鹦鹉、美冠鹦鹉、虎皮鹦鹉、卷尾猴、浣熊、长鼻浣熊、狗、猫

住房

■ 全日制护理床位
  - 穆勒之家：   48 个单人间和 6 个双人间

■ 有照料的居住
  - 湖滨楼：   9 套单人公寓
  - 威斯塔法伦海之家   20 套住房
  - 大院里：   另有 5 套住房和有三个床位的 AIDA 合租房

■ 医疗保险机构评级（MDK）2012:
  - 穆勒之家：1.2
  - 流动护理服务：1.0

护理收费标准
穆勒之家 2012 年 7 月 1 日开始

等级	护理费用	住房	照料	有补贴的投资费用单人间	有补贴的投资费用双人间	老人护理分摊费用
0	24.08 €	15.94 €	12.28 €	23.43 €	22.31 €	2.18 €
1	37.04 €	15.94 €	12.28 €	23.43 €	22.31 €	2.18 €
2	52.60 €	15.94 €	12.28 €	23.43 €	22.31 €	2.18 €
3	68.69 €	15.94 €	12.28 €	23.43 €	22.31 €	2.18 €

护理收费标准
穆勒之家 2012 年 7 月 1 日开始

等级	护理费用总计每天单人间	护理费用总计每天双人间	单人间每月费用	双人间每月费用
0	77,91 €	76,79 €	2.370,02 €	2.335,95 €
1	90,87 €	89,75 €	2.764,27 €	2.730,20 €
2	106,43 €	105,31 €	3.237,60 €	3.203,53 €
3	122,52 €	121,40 €	3.727,06 €	3.692,99 €

等级	护理保险支付部分	扣除护理保险部分后单人间费用	扣除护理保险部分后双人间费用	单人间护理房间费用	双人间护理房间费用	扣除单人间护理房间费用后的费用	扣除双人间护理房间费用后的费用
0	0.00 €	2.370,02 €	2.335,95 €	0.00 €	0.00 €	2.370,02 €	2.335,95 €
1	1.023,00 €	1.741,27 €	1.707,20 €	712,74 €	678,67 €	1.028,52 €	1.028,52 €
2	1.279,00 €	1.958,60 €	1.924,53 €	712,74 €	678,67 €	1.245,86 €	1.245,86 €
3	1.550,00 €	2.177,06 €	2.142,99 €	712,74 €	678,67 €	1.464,32 €	1.464,32 €

穆勒之家护理工的当班时间

■ 06：00 – 13：30

■ 13：00 – 20：30

■ 20：00 – 06：30

→ 交接班时两个班有 30 分钟重叠时间

费用明细
有照料的居住

威斯特法伦海之家

公寓房 乌泽多姆

位置：	底楼
面积：	45.59m^2
固定费用：	
房租：	387.52 欧元
额外费用—预付：	91.18 欧元
护理费包干 / 1人：	80.00 欧元
固定费用总计：	558.70 欧元
另加：可选择的服务作为打包费用	
食宿全包	322.00 欧元
洗衣	150.00 欧元
收拾房间	75.00 欧元
选择服务费用总计	547.00 欧元
合计	1105.70 欧元

公寓房 巴尔特鲁姆

位置：	底楼
面积：	55.4m^2
固定费用：	
房租：	470.90 欧元
额外费用—预付：	110.80 欧元
护理费包干 / 1人：	80.00 欧元
固定费用总计：	661.70 欧元
另加：可选择的服务作为打包费用	
食宿全包	322.00 欧元
洗衣	150.00 欧元
收拾房间	75.00 欧元
选择服务费用总计	547.00 欧元
合计	1208.70 欧元

公寓房　富埃特文图拉

位置：	底楼
面积：	70.07m^2
固定费用：	
房租：	595.602 欧元
额外费用—预付：	140.14 欧元
护理费包干／1人：	80.00 欧元
固定费用总计：	815.74 欧元
另加：可选择的服务作为打包费用	
食宿全包	322.00 欧元
洗衣	150.00 欧元
收拾房间	75.00 欧元
选择服务费用总计	547.00 欧元
合计	1362.74 欧元

》2005 年成立"穆纳流动"服务站，为住在威斯特法伦海之家和苏斯特周边地区需要护理的人员提供服务《

联系方式

Senioren–und Pflegeheim Haus Müller
Zum Weiher 7
59519 Möhnesee
Tel.: 02924/810-0
Fax: 02924/810-333
E–Mail: info@pflegeheim-mueller.de
　　　　http: //pflegeheim-mueller.de/

附注

28 Hegedusch，Eileen und Lars（2007）：对失智病人的动物辅助理疗。动物对失智
    病人的健康促进作用，Hannover，S.47.

29 Ebd.，S.48.

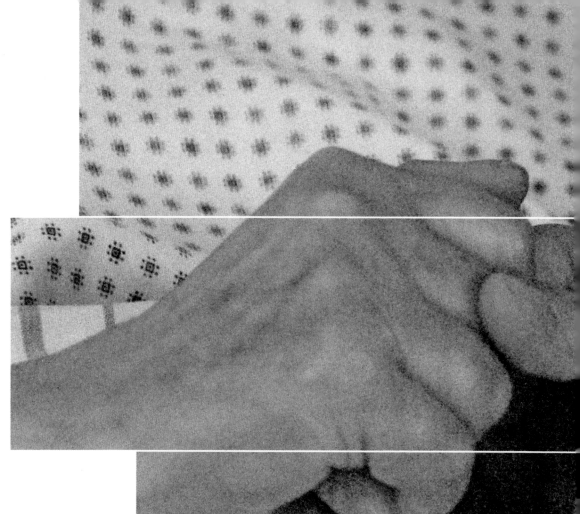
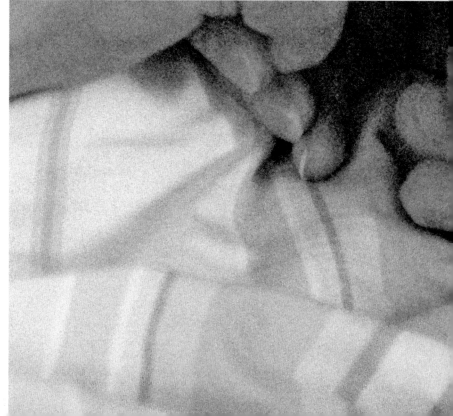

示范项目 3

柏林老年朋友协会

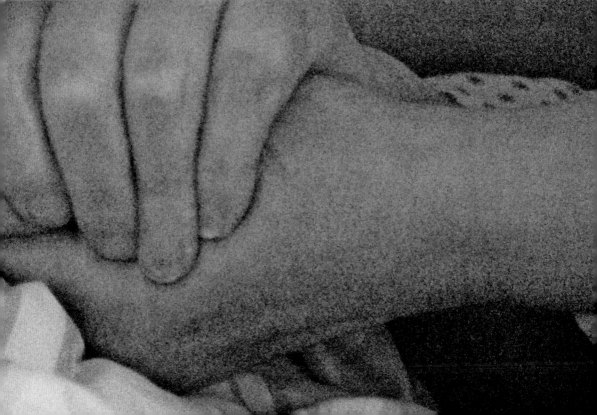

协会的历史和目标

在城里变老和农村不一样

"人们必须学会慢慢变老",凯特·瓦格纳叹息说。随着时间的推移,人们必须适应身体变化带来的各种限制。人会变得谦虚、感恩,她解释说。这位91岁的老夫人住在紧靠柏林选帝侯大街的一居室小公寓里。周边环境很热闹,但是凯特·瓦格纳太太不像以前那样爱出门了。她有时候推着助行器出门,也觉得有点困难,而且外面消费也太贵了。因为,在选帝侯大街(俗称裤裆大街)上即使小饮咖啡或者吃块蛋糕也要比这座首都城市的其他区贵。29岁的琳达·维斯每周来看望一次凯特·瓦格纳太太。她们一起聊天,出去散步并且策划明年去周边做些大一点的出游。她们两个是通过柏林克罗伊茨贝格区的"老年朋友协会"认识的。这个协会通过拜访结伴提供社会接触和人员交往,防止老年人和孤独人群被社会孤立。协会的口号是"老年朋友是最好的朋友",希望以此发出一个信号,并且寻找与老年人交往的另一种路径。这个主意起源于法国。1946年,阿尔曼德·马奎斯特在巴黎成立了"穷人的小兄弟国际联合会"。

这位法国人类学家和慈善家出生于巴黎附近的一个富裕家庭。他生于1900年,度过了无忧无虑的童年。1920年代初,他和他的祖母一起去看望那些孩子死于战争、现在变得一无所有的老人。这次经历刻骨铭心,促使他在祖母于1930年去世后,更加积极地投身于慈善事业。在工作中,他越来越关注老年人,最终他决定,在二战结束后将他的工作转变成有组织的行动,并成立了"穷人的小兄弟国际联合会"。马奎斯特募集捐赠,让孤寡老人能够支付一次短期休假或者和他们一起欢度圣诞。在后来的几年里,这种思想迅速在法国境内传播,并在国际上扩散开来。柏林克罗伊茨贝格的办公室是1991年成立的。

克劳斯·泊弗雷特克从1999年开始任柏林分部总经理。他从1993年开始就作为志愿者参加协会的工作,然后进入董事会,并担任第一届董事长。现在他是总负责人。"开始时,我拜访了一家护养院的两个老人",这位57岁的总经理回忆说。这位以老年病学为重点的大学本科社会学家出生于

"老年朋友"协会的工作重心放在为老年人谋福利上。通过拜访结伴提供社会接触和人员交往的可能。

202

》人要学会慢慢变老《

凯特·瓦格纳

"穷人的小兄弟国际联合会"于1946年在法国成立。

摄影（翻拍）：Judith Köhler

> 》当丈夫、兄弟姐妹或朋友相继去世以后，人会很快感到孤独，并被社会孤立,…《

克劳斯·泊弗雷特克

不伦瑞克，1973 年开始在柏林生活。他认为，老来被社会孤立的危险恰好在首都比较大，因为这种地方不像农村那样有长期建立的邻里关系。"比如，当丈夫、兄弟姐妹或者朋友相继去世以后，他们很快就会感到孤独，并被社会孤立，对此老年人是无能为力的"，泊弗雷特克解释说。参加俱乐部或者定期去教堂，在柏林不像农村那样普遍。现在的问题是，你必须自己积极主动，才能重新建立新的联系。但是，这对于那些已经行动不便的老人是比较难的。钱也是一个问题。当你不再能够承担诸如看电影、看戏或者旅游之类活动和业余爱好的费用时，你同样也会孤独。"我们认为，如果在城里

没有人再能认出这个人的姓名，那是很危险的，因为这是亲密和友谊的象征"，泊弗雷特克解释说。

除了探访伙伴关系外，协会在过去几年的建设中还依靠另外两条腿。从 2006 年开始，柏林－玛丽多夫区又设了一个点。在那里主要是通过与住房合作社的紧密合作，开展区域性适老改造。另外，我们协会是有史以来第一个成功地在柏林为失智病人建立了 6 个住房合作社的协会。然而，现在我们不会再去租赁新的公寓了。"在此期间，柏林已经有许多这种住房合作社，而且这种方案对于我们作为出租方是无利可图的"，泊弗雷特克解释说。今后，协会将像玛丽多夫那样

摄影：Judith Köhler

从1991年开始，在柏林一座老建筑的深院里，"穷人的小兄弟国际联合会"设立了德国办事处。

摄影：Judith Köhler

总经理
克劳斯·泊弗雷特克

开展社区工作。因为，如果你想找到需要帮助的老人，你就必须到有老人的地方去。"住房建设合作社有这方面的联系。此外，建立邻里关系对于他们是非常重要的，这也是他们投身于促进适老居住空间建设的目的"，总经理解释说。由于住房合作社几乎没有抱怨空置率的问题，这说明在经济上是运行良好的，所以他们才会投身于社会项目。作为全职总经理，克劳斯·泊弗雷特克的任务是多方面的：他要做政府公关，在发生争议时作为亲属的联系人，他要组织亲属聚会，在物业和

分散在整个柏林的失智病人住房合作社的租户之间担任中介。

柏林协会一共有三名女性工作人员，帮助克劳斯·泊弗雷特克开展工作：她们是克罗伊茨贝格分部协调员乌尔苏拉·海涅，玛丽多夫社区协调员克里斯蒂·斯瓦茨和负责公共关系和募集捐款的安妮·比伯斯泰因。"柏林克罗伊茨贝格和玛丽多夫两个区的探访项目有所差别，主要是目标群体不同"，比伯斯泰因说。克罗伊茨贝格的目标群体主要是高龄孤寡老人，而在玛丽多夫的目标群体是家庭，通过志愿者行

> **有时候一个人尽管有家仍会感到孤独，而有时候没有家也会感到很幸福《**

安妮·比伯斯泰因

动来减轻亲属的负担。对于一个老人来说，探访可以丰富他的生活，她补充说。然而谁能确切地辨别一个人是孤独还是不孤独呢？谁能规定孤独的定义呢？这也是协会每天会面临的问题，对此是没有明确答案的。"这都是因人而异，很难定义的。有的时候尽管有家他也会感到很孤独，有的时候没有家庭他也会感到很幸福"，比伯斯泰因解释说。这位 37 岁的女士除了需要处理公共关系，还要管理协会的财务。"老年朋友"协会的工作经费，有35% 来自私人捐赠和住房建设合作社的赞助。"此外，最近几年，法国总部每年为我们提供5万欧元的经费支持"，比伯斯泰因解释说。目前运行良好，至少人们知道，协会明年还会继续存在。在获得经费支持的基础上，协会也在考虑换一下办公场地。"目前已经挤得水泄不通了，所以我们在寻找新的无障碍房间。有一种选择是在铁路三角地公园的一个合作建房项目"，比伯斯泰因解释说。协会的核心价值观是给人以尊严，并且确信每个人都是

独一无二的。在"老年朋友"协会网页上是这样写的："我们所提供的服务不分出生、生理和心理素质，也不分社会地位。我们捍卫每一个由我们陪伴老人的自主性——充满友情和信赖。老年人、志愿者和全职工作人员共同支撑这种价值观。"协会的基本原则基于这种理解：

- 我们承认并认真对待人的唯一性。
- 我们尊重他 / 她的尊严、亲情、个人生平和生活方式。
- 我们愿意成为他 / 她的联系人和代言人。
- 我们帮助他 / 她发现潜能，并且让他 / 她能够表达愿望和意向。
- 我们和他 / 她肩并肩，按照他 / 她的节奏办事，关注他 / 她的个人需求和困难。
- 我们支持他 / 她能够独立自主地生活。

从 1981 年开始，各种公益组织和各国独立的协会联合成立了"穷人的小兄弟国际联合会"，并以联合会的名义在联合国获得了咨询机构的地位。

克罗伊茨贝格探访伙伴关系

对话表明，什么是人的生命中最重要的东西

安妮·比伯斯泰因在"老年朋友"协会已经工作了整整三年。原先她在一家媒体公司工作，然而市场和广告业务不能长期满足她的要求。当她拿到一份协会招聘启事时，她去应聘了。"我希望我的工作更有创造性，并且要凭着良心做事。在协会的工作是一项挑战，我最喜欢这样的挑战"，她解释说。由于是通过招聘启事才使她注意到这个协会的，所以她就致力于提高协会的形象，让它在全德国更加出名。"在专业报刊上人们已经认识我们了，主要是失智病人住房合作社。但是还有其他业务也应该赢得公众的关注，比如探访伙伴关系和玛丽多夫的社区项目"，比伯斯泰因强调说。在法国，"穷人的小兄弟国际联合会"工作面比我们宽许多。他们有更多的办事处和大约一万名志愿者。相比之下，德国在克罗伊茨贝格只有约 100 名志愿者，因为协会承担不起更多人费用。比伯斯泰因高度赞赏与法国总部的合作，他们始终以丰富的经验和知识来加强柏林办事处的力量。"很有意思的是，由于心态差异，募集捐款的方式

在各个国家是不一样的。在法国，人们的工作是高度感性的。这在德国就行不太通"，比伯斯泰因解释说。对于这位 37 岁的人来说，新工作的开始与她自发的学习过程紧密相伴。她必须首先学会和老年人打交道。"我很惊讶，老年人的情感与你我完全一样。爱情的烦恼到老来也不会停止"，她说。她照料的许多伙伴心态还很年轻，只是外表看起来老了。当安妮·比伯斯泰因感到工作有压力时，就会时不时的给两位老年妇女打电话，和她们说说心里话。"这样做让我重新沉下心来。交谈告诉我，什么是生命中最重要的"，她说。对于协会来说，平等对话是非常重要的。尤其是对那些探访伙伴。志愿者不能被看作是服务商，而是朋友。"探访伙伴关系是为了建立一种相互信赖的终身友谊"，比伯斯泰因解释说。在此过程中，不能给人留下这样的印象，好像只有老年人是探访伙伴关系的受益者。比伯斯泰因和她的同事乌苏拉·海涅和克里斯蒂·斯瓦茨特别注意，要让双方都感到舒服，都能从探访中有所获益。在选择志愿者时，

她们特别重视长期合作。当然，这对于年轻人并非易事，因为许多人在上学期间会出国数月、更换学校或者毕业后去别的城市工作。"如果探访伙伴关系时间不长就终止的话，老年人会感到失望的。有些人本来就对年轻人有偏见，认为年轻人不牢靠。如果经常换人，就容易让这种偏见得到印证"，比伯斯泰因说。

"老年朋友"协会在选择志愿者时，是经过深思熟虑的。比伯斯泰因和她的同事会耐心地认真审核，因为诸如可靠性和责任心这类价值观对于老年人恰恰是非常重要的。同时，这种认真审核的做法对于负责人亦非易事，因为对于志愿者的争夺在首都是很激烈的。"到我们这儿工作的人，应该开朗，有耐受力，并且对老年人感兴趣。并非所有老年人都是'可爱的宝贝'，他们身上带着自己人生经历的烙印，有时候是很难打交道的"，比伯斯泰因强调。目前有大约 100 位志愿者在"老年朋友"协会这里提供无偿服务。年龄结构比较理想：20% 的人介于 20 岁和 30 岁之间，余下的平均分布直到大约 60 岁。"许多人是通过互联网找到我们的"，比伯斯泰因说，她在 2011年重新设计了协会的网页。

27 岁的约翰内斯·贝克曼通过另一条途径撞到了"老年朋友"协会。他有兴趣从事义务工作，在弗里特里西斯海因－克罗伊茨贝格的人才交流市场上，了解各种招聘志愿者的信息。"作为大学生我有时间，愿意拿出一部分和别人分享。受人赞扬的感觉真好"，贝克曼说。2012 年 5 月开始，他去探访住在克罗伊茨贝格一间两居室公寓里的弗雷德·布什[30]。有厨师培训经历把两个人联系在一起。"如果大学毕业后没有什么成就，我们就一起开一家饭店"，贝克曼满足地说，弗雷德·布什也笑了。他们两个人大约两周见一次面。不定期的探访对于大学生是非常重要的，因为这样就不会成为一种负担。"这应该和我同其他朋友相处一样。只有当我有时间的时候，才安排约会"，他说。这样安排对 93 岁的弗雷德·布什也不成问题。只要约翰内斯·贝克曼每隔一两个星期过来看她一次，她就非常高兴。"我们就互相讲述自己的人生故事，一起喝咖啡，吃蛋糕或者玩牌"，这位老妇人说。有时候，两个人也出去郊游，比如去万湖或格鲁纳瓦尔德森林。这位 27 岁的大学生很愿意听弗雷德·布什讲她的人生经历。她在 1936 年作为厨师和家政管理员来到柏林前，一直生活在一个农家大院。"在那里我当过一次 14 头小猪的接生婆"，她微笑着说。来到柏林后，她先在一个贵族妇女养老院当厨师，并规划她的婚事。"但是我爱人在婚期前四周的一场战斗中阵亡了"，她说。后来她嫁给了另一个男人，1965 年和他一起搬进了她至今还住着的这栋房子。这套两居室公寓保留着原样：一个围着瓷砖壁炉的小客厅，沙发上放着许多毛绒抱枕、鲜花和一把惬意的扶手椅。让这位 93 岁老人感到特别幸福的是她也有一个阳台。"还在开花的天竺葵已经 40 多岁了"，她自豪地说。

此外，弗雷德·布什饶有兴致地给阳台上的蓝山雀和煤山雀喂食。她不太喜欢麻雀。"它们弄得太脏了"，她说。她加入"老年朋友"协会已经有整两年了。是怎么进来的，她已经记不太清了。"乌苏拉·海涅当时给我打电话，问我她是不是可以和一个大学生来看我"，布什回忆说。这个大学生就这么多待了一会儿，从此以后他就在两年时间里定期来看我。"有时候待半个小时，有时候两个小时"，她说。现在他不来了，工作太紧张。为此，协会安排了另两位志愿者来定期探访我。

从此以后，她会得到协会寄来的正规的日程安排：宾果游戏，共进午餐，下午游戏和郊游。"当信箱里躺着装有日程安排的信时，总是一件美好的事"，她笑着说。约翰内斯·贝克曼对弗雷德·布什的探访非常看重，即使只有几个月的时间。由于两个人都学习了烹饪，似乎有一条线牵着两个人。然而还不止如此。贝克曼对于她的探访者叙述以前的事很感兴趣。因为在第二次世界大战期间，这位现在 93 岁的老人曾经在帝国宣传部长约索夫·戈贝尔的家里做过管家，料理家政和厨房。"我不愿意在那里工作，每隔四周就想辞职。但是作为一位强迫劳动者，这

右图：
约翰内斯·贝克曼和弗雷德·布什站在阳台上，后面是已经养了 40 年的天竺葵。

》探访伙伴关系是为了
在信任的基础上建立一
种终生友谊《

安妮·比伯斯泰因

摄影：Judith Köhler

》在信箱里躺着一封装有日程安排的信，总是一件美好的事《

弗雷德·布什

1940 年弗雷德·布什 21 岁。

摄影（翻拍）：Judith Köhler

212

样做是无济于事的",她说。布什讲述了在戈贝尔家的日常生活,在那里他们叫她"女管家"。他们家有严格的饮食比例和苦行者似的生活方式,曾经有一次她给六个孩子做错了"掼奶油"。她和戈贝尔本人没有多少接触。"他喜欢煮了四分钟的鸡蛋,放在杯子里吃。在家的时候,他喜欢'在花园里穿行'",她回忆说。由于她在 1944 年除夕前病了,于是就获得了自由,再也不需要在戈贝尔家干活了。

弗雷德·布什的男人去世后,这位老妇人就一个人生活。她没有子嗣,她的妹妹也已经去世了。如果没有约翰内斯·贝克曼和协会的探访,她常常一个人在家。安妮·比伯斯泰因在柏林认识的许多老人都是这种情况。"家庭破裂的概率在大城市里很高。不像农

上图:
以前弗雷德·布什很喜欢自己照相,也给戈贝尔的六个孩子照了一张相。

村那样，城里很少有长期形成的邻里关系"，她解释说。在小一点的城市，人们能够得到更多的关注。而在柏林，老年人更加无人问津。

弗雷德·布什是一个典型的例子。她的邻居不知道她姓甚名谁。"当我和我丈夫 1965 年搬来时，我们认识楼里的每一个人。今天，我连我为他们代收邮件的人都不认识。太令人失望了"，她说，"真要有什么事的话，我都不知道按谁家的门铃，因为我不知道那里住着什么人。"

克罗伊茨贝格探访项目的目标对象是 75 岁以上的高龄人群，他们已经不再灵便，也很孤独。他们绝大部分在 80 岁和 90 岁之间。这些老年人是怎么找到协会或者协会是怎么找到他们的，其中有许多路径。比如通过与社会救助站和住房建设合作社的联系，因为他们和老年人接触比较多。有的时候老年人自己打电话来或者亲属通过报纸上的文章了解到我们，也有人从"老年朋友"网站上看到了找来的。除了探访日程，协会还每周组织两次

》在大城市，家庭破裂的概率比较高，很少有乡下那种长期形成的邻里关系《

安妮·比伯斯泰因

电话寻访活动，给老年人打电话。"通话有长有短。有十分钟的，也有半个小时的"，比伯斯泰因说。

她的同事乌苏拉·海涅负责电话寻访活动和克罗伊茨贝格探访伙伴关系的协调工作。她的目的是，把人们找到一起，加强社会归属感。"特别之处在于，我们真心希望介绍和建立友谊"，她说。迄今为止她得到的都是肯定的反馈信息，所有人都表示感谢，深谙她工作的价值，海涅解释说。

她也组织月度郊游活动，比如去动物园玩。在2012年9月的一次活动，所有参加的人都被动物给逗乐了，笑声满天。

大学毕业的社会工作者海涅从参与者的脸上看到了这类活动的成就，因为协会从事的不是挣钱的经济活动。"这些工作的成果是你能给人以快乐"，她强调说。

参观动物园的也有贡达·迪辛和安妮·内特。数年来，这两位保持着亲密的探访伙伴关系。虽然没有固定的见面时间，但是无论如何贡达·迪辛每周

9月中旬乌苏拉·海纳组织了一次去柏林动物园的郊游。

...2012 年在动物园游玩时，所有参加的人都被动物逗乐了...

9 月份在动物园游玩
时的照片。

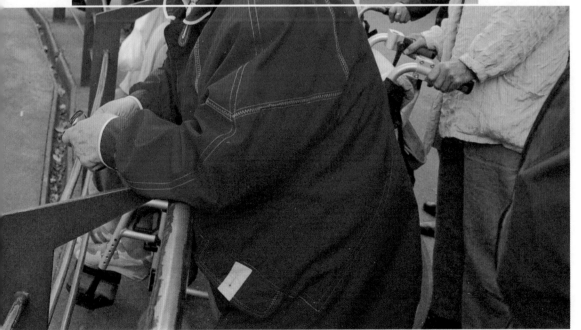

摄影：Judith Köhler

数年来，贡达·迪辛
和安妮·内特建立的
亲密关系，使这两位
夫人都身心愉悦。

摄影：Judith Köhler

> **这对我始终是美好的一天，我非常开心。**
> **我们一起闲聊，常常捧腹大笑《**

贡达·迪辛

都会来探访安妮·内特两个小时。无论什么天气，贡达·迪辛都骑自行车过来。"每段路程要骑约 20km。骑车对身体很好，一般我会带一些苹果、李子或者从我们家院子摘的鲜花"，迪辛说，她成为协会成员已经有 12 年了。"我是在地铁广告上遇到'老年朋友'协会的。由于当时我没带笔，就用唇膏记下了电话号码"，她微笑着说。她就是想做点公益事业，她解释了她的动机。她的父母住在德国南方，所以不需要她去照看他们。

在探访活动中，只要天好，迪辛和内特都会去公园散步或者去哥白尼购物长廊走走。安妮·内特对每次来访都很高兴："这对我始终是美好的一天，我非常开心。我们一起聊天，常常捧腹大笑"，这位 91 岁的老人说。在战争期间她担任护士，1945 年来到柏林。现在她住在一个老人院里。"有了协会的帮助，我的生活变得生动活泼多了"，安妮·内特叙述说。她的活动内容增加了，练习气功、做手工或者参加午餐和午后咖啡，她解释说。

91 岁的凯特·瓦格纳住在离动物园不远的选帝侯大街。她每周与琳达·维斯见一次面。维斯是一位少妇，正在读文学研究博士生。维斯探访瓦格纳已经有两年时间了。"在我的日常生活中加入探访活动并不困难，这就像我和女友相约去喝咖啡一样"，琳达·维斯说。她希望从事公益事业，在互联网上寻找合适的机会。而凯特·瓦格纳是通过她女儿找到协会的，成为会员也有四年时间了。当琳达·维斯来访时，两个人就一起出门，要么去动物园，

》协会让我认识了一位生动活泼的女士。我真的没想到，由此而生成的友情保持了这么长时间。《

琳达·维斯

摄影：Judith Köhler

要么去裤裆街上逛逛。"我们只做些我们喜欢的事"，凯特·瓦格纳说。琳达也曾经带她去参加合唱音乐会。有时候她们也参加协会组织的郊游活动。"我一个人已经不能在周末开车出门或者坐船游玩了"，这位 91 岁老人说。这几年她必须依靠助行器行走，在家务和护理方面需要更多帮助。周一到周五每天都有一个女工上门，帮助凯特·瓦格纳做饭和收拾她的小房间。此外，护理服务机构每天来一位女工作人员帮她洗漱。"以前我还乘公交车去看望我的朋友，现在不行了。我已经过了 90 岁生日啦，我老啦"，这位 91 岁的老人说，脸上露出了抑制不住的笑容。她有时也在她家附近品尝咖啡和蛋糕。在那里，她喜欢把一些刚刚看到的事情写下来："一个小年轻抓了一只鸽子；一个残疾人开着残疾车飞驰而过；许多车辆逶迤通过马路…"，她说。有时候服务员会主动给她拿来纸和笔。在文学研究博士生琳达·维斯那

在 琳 达 · 维 斯 和 凯特·瓦格纳之间发展出了真正的友情。两年来，两个人定期见面，在一起做了许多事情。

里，凯特·瓦格纳又赢得了一位有兴趣的聆听者。

"协会真的给了我许多东西"，这位老妇人说。她对重新获得的生活质量非常满意。"我非常愿意和别人接触，否则我的天就要塌下来了"，这位诙谐的夫人说。凯特·瓦格纳现在住的房子以前是一家老人院。今天在这栋大公寓楼里住的许多人都只是过渡性的。瓦格纳还认识以前的三、四个住户。其他人都不认识了。她虽然曾经考虑过是否要搬进有全日制护理的养老院，但是她现在回避此事。"我曾经去看过，觉得不怎么好，因为我必须和另一个人同住一个房间。从此以后我就不再想这事了，尽管我是个爱热闹的人"，瓦格纳解释说。

对于琳达·维斯来说，探访伙伴关系已经远远超出了她的期望值。"通过协会我认识了一位这么活泼的夫人。我真的没想到，由此生成的友谊会保持这么长时间"，这位 29 岁的年轻人说。

在玛丽多夫区的探访伙伴关系

性格必须对路，否则就成不了事

玛丽多夫区探访伙伴关系主要是为了减轻失智病人家属的负担。克里斯蒂·斯瓦茨从 2007 年开始担任玛丽多夫区的协调员，负责建立失智病人家庭和志愿者的联系。在这个区有 15～20 位志愿者参加探访项目。和在克罗伊茨贝格的两位同事一样，克里斯蒂·斯瓦茨也致力于建立长期的探访伙伴关系。"探访失智病人是一项艰巨的任务——而且：必须和我们协会的目标相一致。这里除了探访，还要跟踪探访伙伴关系"，斯瓦茨强调说。所以每个月要开一次小组会和情况通报会，让志愿者交流经验。"在会上，大家会交流探访体会，使得志愿者能更好地处理他们可能遇到的情况，早期发现问题，寻找解决办法，也需要在亲近和距离之间保持适度关系"，这位协调员说。大家会经常提出以下问题：要不要把我的电话留给他们？什么情况会超出我的能力范围？我每周探访一次行吗？哪种护理情况会对我和／或家属过于苛求了？

有时候，在集体讨论中还可以及时发现问题，商量对策。所以这种碰头会非常重要，斯瓦茨解释说。她认为，志愿者的探访可以带来新风，把全新的生活质量带给失智病人及其亲属。

志愿者们需要参加基础培训，为探访伙伴关系做好准备。未来的志愿者需要利用三个周末的时间了解相关标准和失智病人的症状。失智病人可以做什么？不可以做什么？我如何和他们的家属相处？哪里是志愿者的界限？在工作了几个月后，志愿者还要参加一次提高班。

另外，探访伙伴在初次认识时我们会从中协调。比如，克里斯蒂·斯瓦茨先分别与失智家庭和志愿者交谈，并共同选择一个探访伙伴。然后就在居家氛围中安排双方见面，协调员会参加。这样安排成功率很高。"脾气要对路，否则成不了事"，她说。老人和志愿者很对路，而家属不同意的情况不多见，但偶尔也有。"志愿者必须时时注意，不要让人把你看做是服务商，而是要成为平等的伙伴"，这位协调员说。

在选择志愿者时，克里斯蒂·斯瓦茨还特别重视志愿者的社会活动能力。

克里斯蒂·施瓦茨是玛丽多夫区"老年人朋友"协会的协调员。除了组织探访伙伴关系，她还要和住房合作社密切合作。

》探访失智病人是一项艰巨的任务 —— 而且：必须和我们协会的目标相一致。这里不仅是探访，还要跟踪探访伙伴关系《

克里斯蒂 · 斯瓦茨

摄影：Judith Köhler

克里斯蒂·斯瓦茨
和一位协会成员在
一起。

摄影：Verein » Freunde alter Menschen «

》志愿者必须时时留心，不要让人把你看作是服务
商，而是要成为平等的伙伴《

克里斯蒂·斯瓦茨

他们能不能集中注意力，能不能注意倾听？他们是不是敏感和可靠？他们的动机正确吗？"很重要的一点是志愿者的动机。如果想借助志愿者行为来排遣自己的问题或者表现得过分慷慨，这种基本态度都是不合适的"，这位社区项目负责人说。

达戈玛·赫德格桑和安格莉卡·薇拉·科拉尔这两位女士在评定和基本态度方面从一开始就很般配。多年来她们是"老年朋友"协会的成员，作为探访伙伴已经积累了许多经验。五年半前，达戈玛·赫德格桑从周报上看到消息后找到了协会。"老年人一直是我的服务对象"，经过培训的老年人护理工说。在 16 岁的时候，她已经明白了个中道理，尽管她的童年时代跟老人没一点关系。这是在参加培训后才了解的。"人们喜欢我淳朴、毫无做作"，她回忆起当时的情况。只要你开诚布公、真心实意地对待老人，应该不会有事的，这位 51 岁的女士说。当她的三个孩子长大成人后，她又想做点什么，于是在 2007 年找到了克里斯蒂·瓦格纳。"当时克里斯蒂·瓦格纳的工作刚起步，一共没有几个人，大概就 6 ~ 7 个人吧。这些人现在大部分还都在"，赫德格桑说。

就这样她开始了第一个探访伙伴关系。赫德格桑负责探访住在利希腾拉德区的一对老年夫妇。男人得了严重脑溢血，需要护理。老伴必须昼夜照顾他。在经过初次认识交谈后，赫德格桑就每周一次探访这对夫妇，每次大约三个小时。"我的探访大大减轻了这位老夫人的负担。可以这样说，探访成了她一周的幸事，因为现在她终于可以进城去处理一些事情，比如理发或者喝咖啡"，她叙述说。由于家庭变故和搬家，探访伙伴关系在两年前结束了。此后，赫德格桑休息了六个月。

现在她负责探访生活在滕博尔霍夫区的一位老妇人，她在 2013 年度过了 90 岁生日。她的两个女儿找到了"老年朋友"协会，因为她们想让母亲认识一些新人。"在这里的工作重点不是为了减轻家属的负担，而是要增加老夫人的生活色彩"，赫德格桑说。每周一次她开车去滕博尔霍夫，跟 89 岁老人一起做些事。"她最爱玩。我相信我们几乎每次都玩十字游戏"，赫德格桑笑着说。也试过出去散步，可惜对于这位患中度失智的老人来说太费劲了。

大家都从探访伙伴关系中获益：女儿们为母亲在生活中有一些新的调剂而感到高兴，而当她的探访伙伴每周

在选择志愿者时，克里斯朵夫·施瓦特别注意他们的社会活动能力。另一个重要的选择标准是他们的动机。

每周一次达戈玛·赫德格桑去探访住在柏林滕博尔霍夫的这位老妇人。几乎每次都玩"十字游戏"。

》这位夫人是那么精神矍铄，生活态度非常乐观。她笑脸常在，真是太好了《

达戈玛·赫德格桑

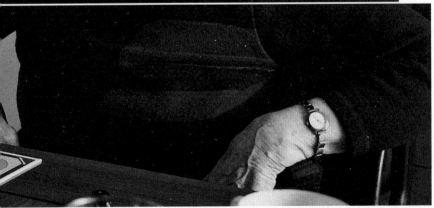

摄影：Verein》Freunde alter Menschen《

一陪她一起玩的时候，老夫人则兴奋不已。达戈玛·赫德格桑则在有了新的接触后感觉生活更加充实了。"这位夫人是那么精神抖擞，生活态度非常积极。她笑脸常在，这是多么美好的事啊"，这位 51 岁女士说。至于她自己老来怎么安排，达戈玛·赫德格桑现在还没有考虑这个问题。有时候，当她看到一些老人的居住或生活条件时有些吃惊，但这并不使她害怕。"重要的是我必须作出决定，而且不能太晚了。至于具体怎样安排，我还没有想好"，她解释说。

她在协会里的同事——安格莉卡·薇拉·科拉——探访住在护理院里的一位 75 岁夫人已有整整 10 个月了。这是一个例外，因为探访本来都是流动性的。这位夫人是柏林住房合作社的租户，从 2007 年开始定期参与社区活动。后来，由于重度失智不可以一个人待在家里了。60 岁的安格莉卡·薇拉·科拉每次来访都要带一朵玫瑰花，好让老太太重新认出她。刚开始聚会时，她的探访伙伴还很生动活泼，还能跑步。然而，她的健康状况迅速滑坡，以至于现在只能坐在养老院的护理轮椅里前行。探访时，安格莉卡·薇拉·科拉坐在老夫人的床前，抚摸她的手和脸，用平静的口吻问她今天身体怎么样，想不想到外面去，有没有兴趣周一再去唱歌。这位 75 岁老人虽然几乎没有反应，但却能让人感觉到，和人接触对她很好。当给她的手上抹润肤霜时，她怯生生地笑了，充满谢意地朝科拉看。这位满头短白发的老妇人，尽管身患失智和帕金森症，看起来却仍然非常青春。"以前人们总叫她'这个美女'"，科拉叙述说，她在护理院常常被大家误认为是病人的家属，因为这位 75 岁老人和自己的家人只有很少往来。"尽管我没有获得法律意义上的授权，但是作为一个外人，当我看到有什么缺失时，就会找护理人员让她们多留点心"，科拉强调说。

摄影：Judith Köhler

每周一次，安格莉卡·薇拉·科拉探访一直住在柏林养老院的伙伴。

玛丽多夫的社区项目

通过聚会建立邻里关系

在玛丽多夫区的社区项目开始于2006年，主要为周边的住户和市民提供一个聚会场所，并提供咨询服务。"老年朋友"协会协调员克里斯蒂·斯瓦茨每天与当地的住房建设合作社紧密合作。合作的共同目标是让租户能够终身居住在自己的房子里。所以，柏林住房合作社和玛丽多夫－利希腾拉德

住房合作社为这个社区项目提供了经费支持。他们为项目提供了房间，支付克里斯蒂·斯瓦茨的工资。除了探访项目，这个社区项目还为不同年龄的人群提供诸如住房调整或护理方面的咨询。"我们向租户提供房地产租赁市场信息，和租户一起制定解决方案，并帮助他们具体落实，这样就可以避

摄影：Judith Köhler

玛丽多夫社区项目周围
的住户很愿意接受聚会
场所提供的服务。

»注意力必须高度集中，因为听他们讲述
各种人生经历并非易事《

吕迪格尔·巴特尔斯

免搬进养老院"，斯瓦茨解释说。

社区项目办公室也被用作聚会场所。每周有不同的日程安排。周一是咖啡畅谈会，喝着咖啡吃着蛋糕愉快地聊天。周二玩十字游戏，周三一起做饭。周四下午是创意活动。

周一到周三或者根据预约，居民可以前来咨询或者帮助他们填写护理保险申请书或者重度残疾人证明。每次有 12 ~ 15 个人参加活动。"人多了我们的办公室容纳不下。此外，我们特别重视让参加的人在家庭气氛下相处"，克里斯蒂·斯瓦茨强调说。

"重要的是要体现协会的存在。有人在现场，进行交谈，提供咨询并帮助落实，这样就能促进邻里友好关系。经常有一些自然而然的帮助，人们根本不会去谈论它"，斯瓦茨说。为了让邻里关系不断成长，必须始终保持联系，联络工作是不可或缺的。和克洛伊茨贝格一样，这里也每周给那些不能参加社区活动或时而生病的人打一次打电话。

和住房建设合作社的合作非常好。

"我们劲往一起使"，斯瓦茨说。理论上说，合作社的所有住户都可以来找她，因为她介于租户和合作社之间。在物业的协助下，克里斯蒂·斯瓦茨对存在的问题和出现的困难了如指掌。柏林住房合作社和玛丽多夫住房合作社的物业会最先发现租户有哪里不合适了。比如，某个人出现了失智症状或受到被怠慢的威胁。就业中心的工作人员也参与了项目。"这项工作可以帮助长期失业人员重新建立日常生活秩序"，她说，并补充道："我们甚至可以帮助一些人重新进入劳动市场。"

吕迪格尔·巴特尔斯是刚来的新员工。这位 60 岁的新人以前是商务职员，从 2007 年开始从事老年人工作。他认为，这项工作的价值被许多人低估了。"必须集中注意力，听他们讲述各种生活经历往往是很不轻松的"，他说。而经验交流同时也是一件很特殊的事情，人们可以互相学习许多东西。他在社区项目中的任务是准备下午的手工、烹饪聚会和咖啡故事会以及后期照料。

吕迪格尔·巴特尔斯
在协会还是个新人。
他在那里帮着做各种
事情。

摄影：Judith Köhler

233

》人老了不一定就会被孤立，如果有这种情况，那一定是自己把自己孤立了。有那么多各种各样的活动，关键是人必须能够战胜自己《

马里亚纳·苏科尔

一开始就参与社区项目的还有马里亚纳·苏科尔。这位柏林人是通过报纸上的一篇文章找到协会的。"我想在这里和其他人一起做饭"，她说。并且，由于她觉得克里斯蒂·斯瓦茨和其他参加烹饪的人一样人很好，她到今天还每周三过来。"我的其他朋友也知道这件事，所以对于她们周三是禁日"，她说，并会心地笑了。当时的烹饪组给她带来了很多乐趣，但是现在慢慢变成了吹牛聊天的场所，因为现在大家都成了好朋友，这位73岁的老人说。和其他志愿者一样，她也参

与探访伙伴活动。她探访一位老先生已经有一年半时间了，这样做可以减轻他老伴的负担。"他是一位真正的先生。'我的雨果'我经常这么说"，她叙述说。

和马里亚纳·苏科尔一样，同龄人布丽吉塔·戈蓓尔总是礼拜三来参加聚会。两个人相处非常好。"这一天给了我许多"，戈蓓尔说。她是在报纸上读到了关于协会的报道，通过协会她认识了许多新朋友，他们周三在一起做些事。周末她去看望她的家人。她有3个孩子，14个孙辈，很

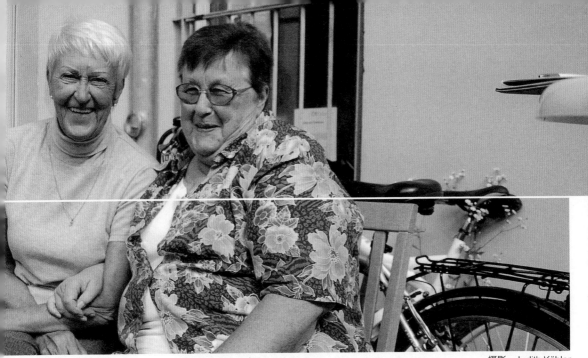

摄影：Judith Köhler

大的一个家庭。"每个周末我就和孙儿们一起做饭"，她说。在柏林和别人接触本来不是很难的。"就是必须把屁股翘高点"，她说，并充满活力的笑了。马里亚纳·苏科尔赞成她的意见："人老了不一定就会孤立，如果是这样，那就是自己把自己孤立了。有那么多各种活动，你必须战胜自己"，她解释说。

对于杰尼夫·费比戈尔，玛丽多夫社区项目是一个很好的学习场所，可以加深她对于社会工作的知识。这位27岁的女孩在基督教大专学习这个专业，在"老年朋友"协会完成了一个学期的实习。她每周两次在玛丽多夫，一次在克罗伊茨贝格。她参加协会本来是想帮助家里的一个朋友的。在互联网上搜索时遇到了这个社区项目，就把它记了下来。

上大学前，她是一家退休人员保险公司的公务员，但是她不喜欢这份工作。"社会工作更符合我的兴趣。我可以很好地为他人着想"，她说。她认为，协会弥补了过去存在的社会空缺。"协会促进了志愿者事业。这非常好，而且很有必要。因为志愿者是一种当

马里亚纳·苏科尔和布丽吉塔·戈蓓尔是通过玛丽多夫的聚会认识的。对于烹饪的爱好把她们结合到了一起。她们还可以在一起说笑。

235

今社会缺失的'社会游戏'",这位大学生说。与此同时她批评说:"如果志愿者太多了,有可能会让国家觉得做这些事太简单了。"对于这位青年妇女而言,在城里还是在乡下养老的差别是显而易见的。城里有更多的事可以做,更自由和自信,但是会受到孤独的威胁,因为社会服务太好了。"社会服务越好,为同类着想的程度可能会越轻",费比戈尔斯·特泽说。而在农村虽然大家很少有不认识的,但社会服务少,基础设施也比较差。"但是:人们在一起变老,抱团取暖。在农村人们会更多地关注别人",这位 27 的大学生说。

这位年轻姑娘和格里塔·莱尔克

摄影:Judith Köhler

摄影：Judith Köhler

相处得很好。这位 81 岁老人和马里亚纳·苏科尔和布丽吉塔·戈蓓尔一样，每周三来参加聚会。她主要是看重和大家在一起热闹。"我们大家坐在一张桌子上，有人照顾，都很和蔼友善"，她总结说。莱尔克享用着社区项目和住房建设合作社提供的服务。除了午餐，她还每周参加一次气功练习。

她有许多时间从事自己的业余爱好：这位 81 岁老人全身心地制作毛绒玩具，并把它们捐赠给协会。"我希望能够便宜地出售这些玩具，让那些经济条件不太好的孩子也能分享快乐"，格里塔说。

左图：格里塔·莱尔克和燕妮菲尔午饭后在一起聊天。
右图：空闲时间，这位老人制作毛绒玩具，送给协会。

237

阿尔布雷希特街的失智病人住房合作社

自主和在亲属附近居住是生活质量的象征

近年来，服务于失智病人的住房合作社如雨后春笋般蓬勃兴起。特别是在柏林，它作为养老院的另一种选择得到了普遍推广。"老年朋友"协会是在首都开辟这种居住形式的先锋。现在，该协会负责照料总计 6 家住房合作社。其中有一家失智病人住房合作社位于施特格利茨区阿尔布雷希特街的一栋三层楼房子里。这里以前是麻痹患者协会，所以整栋建筑都是无障碍的，在协会搬进来时已经有方便轮椅进出的坡道。克劳斯·帕夫雷特克在选择房子时，特别注意它是否位于正常的住宅区，是否有长期建立的邻里关系和商店，面积要足够大，而且要尽量带阳台或露台。每个住户应该有大约 30m² 的面积，15m² 为一居室房间，15m² 为公用面积。"我们选择的既有建筑往往没有经过无障碍改造。在必要的时候再改建"，克劳斯·帕夫雷特克说。由于所有住户都有一个护理等级，所以每个人都有 2500 欧元的房间调整费用可供支配。将这些

钱合理整合，就可以增加改造内容，更好地为楼内住户服务。协会总经理认为，人们过度地关注建筑设计，其实社会功能更加重要。比如，楼宇入口是非常重要的。"我们需要大一些的入口区域，最好有一个小花园，这样人们可以在那里小聚和聊天"，帕夫雷特克解释说。一般来说，还需要有愿意相处和对他人感兴趣的意愿。"房间小一点非常重要，这样会有一种家庭氛围，对细节也会了解得多一些"，帕夫雷特克解释说。

失智病人住房合作社里目前住着 8 位近 80 岁到 95 岁的老人。每位老人都有自己的房间，天好的时候可以在花园里走走。一间大的开放式厨房和温馨的阳光房为大家相聚提供了空间。"我们要求住户在入住时应该还能行走，至少还能借助助行器或轮椅行动。他们应该还有交流能力和交流的意愿，这一点很重要"，帕夫雷特克说。这位总经理特别注意室内布置，应该既舒适又便于打理。用亚麻油地毡铺

地比较好，因为地毯护理起来太麻烦。有一部电梯通往地下室，那里有一个多功能房间，里面放着洗衣机和干衣机。"在这里大家可以晾衣服，因为 8 个老人中有的人已经失禁，所以每天要换洗好几拨衣物"，他说。协会负

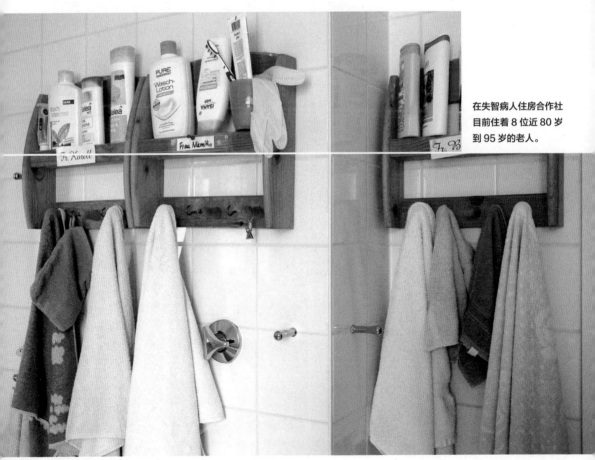

在失智病人住房合作社目前住着 8 位近 80 岁到 95 岁的老人。

摄影：Judith Köhler

位于柏林施特格雷
兹区阿尔布雷希特
街的三层小楼是协
会负责协调管理的
六家失智病人住房
合作社中的一家。

摄影：Judith Köhler

...由于所有住户都有一个护理等级，所以每个人都有 2500 欧元的房间调整费用可供支配。将这些钱合理整合，就可以进行更多的改造，更好地服务于楼内的住户...

责与 6 家住房合作社的协调和组织，护理服务公司则负责为住户提供日常护理服务。一般有三名工作人员值班，但至少有两人。"由于住户在入住时已经罹患中度失智，所以病情发展过程中有护理人员在场是非常重要的，因为他们知道病人喜欢什么，而且最好是他们已经认识较长时间了"，帕夫雷特克解释说。所以护工不能常换，这是至关重要的。

56 岁的雷纳·斯特凡从 2006 年开始担任阿尔布雷希特街住房合作社的管家。他为一家护理服务公司工作，不是协会的人。他的日常工作是基本管护如洗涤、陪病人如厕，并且注意观察住户的生理和心理变化。同时他也尝试激发住户的活力。"应该尽量让他们自己多动手，这样他们就会说：'嗨，我还能做事啊'"，斯特凡说。有许多事可以做，比如洗菜或削皮，打鸡蛋浆或摆一圈椅子。看到住户有进步或者比如言语和肢体活动得到了改善，他就心里高兴。"我们成功地让一些人的失智不再发展或者至少有所减缓"，他解释说。雷纳·斯特凡很愿意在阿尔布雷希特街工作，住户们能够如此和谐地在一起生活，他感到很高兴。这里也允许携带宠物。曾经有一只叫小猫咪的猫和一只叫贝妮的狗。但这两只动物现在都死了。"贝妮一直活到很老了，最后自己也失禁了"，斯特凡微笑着回忆说。

和艾希斯特滕的护理居住组一样，在柏林也要签署三份不同的协议，一份房租协议，一份护理协议和一份家属约定。后者用以保证家属在重大决策时有发言权和否决权。每年召开四次家属会议，由克劳斯·帕夫雷特克主持。会上讨论住户、家属、护工和协会最关心的各种事项，其中包括家政服务、库存量或者日常琐事，比如以后应该使用哪种白炽灯，又比如根

»应该尽量让他们自己多动手，这样自己就会说："嗨，我还能做事啊"《

雷纳·斯特凡

据家属愿望，专门雇了一位管家，帕夫雷特克回忆说。"对于住户来说，住房合作社的规模也很理想，因为一方面有足够的可以变换的聊天伙伴，另一方面从商业角度看也可以提供更好的家政服务"，这位总经理解释说。此外，住户自主和在亲属附近居住对于保证在住房合作社里的生活服务质量是至关重要的。"每个家属都有一把大门钥匙，这样可以随时探望亲人"，帕夫雷特克说。

罗泽玛利·雷曼是一个住户的女儿，特别用心。她家距离阿尔布雷希特街只有十分钟，每周来看望一次她80岁的老母亲。她母亲从2009年开始住在这里。这位社会工作者在职业生涯中已经听到很多评论，所以当她知道她母亲被照料得很好时，轻松了许多。"我愿意让我母亲住在我附近，不想把她送进养老院。我母亲虽然不再能够独立居住，但是她在这里还能够自主生活"，罗泽玛利·雷曼解释说。她是通过互联网找到"老年朋友"协会的。舍内贝格邻里中心就在她们家附近。"我已经看过很多家了。只有在阿尔布雷希特街这儿我才有了感觉，'对了，这里才适合我母亲'"，她说。她母亲原先住在一家养老院，但过了一段时间就不行了。住房合作社更有家庭气氛，我母亲感觉很好。和其他住户交流时也有这样的反映。"邻里友好相处是最重要的。虽然护理是主要的，但是工作人员会主动地找住户，调动她们尚存的机能"，雷曼太太

摄影：Judith Köhler

6 年来，管家雷纳·斯特凡已经成为住房合作社的固定成员。他负责住户的基本照料。

...住房合作社就像一个大家庭，每天都有事...

罗斯玛丽亚·雷曼在住房合作社给她母亲找到了一个位置，非常高兴。这里离她家只有 10 分钟的车程。

摄影：Judith Köhler

克里斯蒂安·尼美茨和她
母亲埃里卡在一起。
她从 2012 年 6 月底开
始住在斯特格利茨区阿
尔布雷希特街。

摄影：Judith Köhler

解释说。

克里斯蒂安·尼美茨的情况和罗泽玛利·雷曼很相似。她母亲艾丽卡从 2012 年 6 月底开始住在柏林斯坦格利茨区。"我的四个姊妹和我都不想让她一个人住"，他说。住房合作社就像一个大家庭，总有事情要做。这位计算机科学家和两个孩子的父亲每周过来一到三次。她母亲喜欢住房合作社，喜欢这里的环境，和其他住户相处得很好。"当然，搬一次家肯定会有些不一样。但是现在的好处是，我每次探望母亲都可以把注意力集中在她身上，而不再是购物、换洗和搞卫生那些杂七杂八的事情上"，克里斯蒂安·尼美茨解释说。

数据、数字和事实

历史

■ 1946 年法国人类学家和慈善家阿尔曼德·马奎斯特成立了"穷人的小兄弟国际联合会"

■ 他的工作重心放在为老年人谋福利方面

■ 马奎斯特募集捐款，以便能够和老年人一起共度圣诞或者让他们能够短期度假

■ 这种思想首先在法国得到推广，后来在国际上广为流传

■ 从 1981 年开始，各个国家独立的公益组织联合成立了"穷人的小兄弟国际联合会"

■ 从 1991 年开始在柏林克罗伊茨贝格区设立办事处，从 2006 年开始在马林多夫区又启动了一个社区服务项目

联合会的基本原则

■ 我们承认并认真对待人的唯一性。

■ 我们尊重他的尊严、亲情、个人生平和生活方式。

■ 我们愿意成为他的联系人和代言人。

■ 我们支持他发现潜能，并且让他能够表达愿望和向往。

■ 我们和他肩并肩，按照他的节奏办事，关注他的个人需求和困难。

■ 我们支持他能够独立自主地生活。

2011 年总收入 604100 欧元，比 2010 年增加 37%。在总收入中，130000 欧元只是经手费用。也就是说实际收入为 474000 欧元。经费收入有可喜增长的原因是有一笔 260000 欧元的遗产继承。利息收入、咨询报酬和偿还收入 5000 欧元。

2011 年财务状况

来源	私人捐赠	政府资助	服务收费	资助	法国总部
捐赠人	私人、基金会和企业捐赠	联邦政府拨款、柏林议会、护理保险和类似组织	联合会负责六家失智病人护理住房合作社的管理。为此有一笔包干收入	马林多夫社区服务项目由马林多夫－利希腾拉德住房建设合作社资助	为保证联合会正常运行而提供的专项支付
金额	66800 欧元	63400 欧元	18100 欧元	10800 欧元	50000 欧元
用途	私人捐赠可以保障工作的计划性并确保与出资人的独立性	与上一年度相比减少了 11000 欧元。政府补贴是一种不稳定的收入来源	这笔收入可以满足日常开支如管理费、咨询费、协调和住房调整费用	这笔钱用于支付克里斯特尔·斯瓦茨协调员的工资和在那里的聚会场地费用	用于支付安妮·比布尔斯泰因的岗位和筹款活动

与总收入的差额部分就是经手费用。根据联合会介绍，经手费用是指进入联合会账户，但又被等额转走的费用。它们不能用于日常开支。

探访伙伴关系的目标群体

■ 柏林－克罗伊茨贝格：75 岁以上行动不便的孤寡老人

■ 柏林－马林多夫：为失智病人的亲属提供支持

■ 探访项目遵照 SGB XI 第 45c 的规定：
第一句第一段意义上的低门槛照料服务是指："男女帮工在护理专业人员指导下，以小组或家庭的形式对需要高度监护的病人进行护理以及减轻亲属的负担并提供咨询服务。对于这类低门槛护理服务的资助采用项目资助的形式，主要是为义务护理人员提供经费补贴，并承担通过专业人员对护理人员进行专业指导和培训以及帮困活动的协调和组织相关的必要的人员和物品费用。"[31]

志愿者的年龄结构

■ 克罗伊茨贝格有大约 100 位志愿者，在玛丽多夫有 20 位

■ 其中 20% 年龄在 20 ~ 30 岁之间，其余的年龄层次一直到大约 60 岁

联系方式

Freunde alter Menschen e.V.
Hornstraße 21
10963 Berlin
Tel.: 030/691 18 83
Fax: 030/691 47 32
E-Mail: info@famev.de
        http: //www.famev.de

Kiezprojekt Mariendorf
Kurfürstenstraße 46
12105 Berlin
Ansprechpartnerin: Christl Schwarz
Tel: 030/32 59 19 80

附注

30　名字改了。

31　联邦司法部。社会法典（SGB）－第 11 册（XI）－社会护理保险。
　　http：//www.gesetze-im-internet.de/sgb_11/BJNR101500994
　　html#BJNR101500994BJNG004401308 [08.11.2012].

示范项目 4

海德堡教会居住社区的
多代共居屋

弗赖堡示范项目

邻里团结的未来车间

英戈·弗兰茨是个有远见的人。他梦想建设一个平等的共同体，使人们能够在一个开放的场合相聚，无家可归者也有一席之地。在这个共同体里，职业、出生、长相和健康状况并不重要，人人都受欢迎。英戈·弗兰茨认为，人人都有社会价值。这种愿景起源于1980年代，在当时少为人知，也不具体。20年过去了，这种大胆的理想已经以多代共居屋的形式耸立在海德堡的罗尔巴赫区。那里有一间宽敞的聚会大厅，每天供应热餐，下午为儿童组织丰富多彩的活动，内容精彩的对话或者挑人心弦的电影晚会。在多代共居屋里，集聚着许多社会中下层的人群。

英戈·弗兰茨仿佛觉得他在1980年代就已经住进了这栋建筑，其实他当时还身处180公里以南的弗赖堡。1989年11月9日，他与一群朋友和志愿者正在组织豪赫多夫一间小屋的搬家活动。他对这一天记忆犹新。"我们不能完全遵守我们的搬家计划，因为我们中总有一个人要坐在电视机

前，注视着柏林发生的事件"，他叙述说。直至今日，弗兰茨还是把推倒柏林墙看做是他住房项目的意象。"这一天，不仅柏林墙被推倒了，弗赖堡豪赫多夫的墙也被推倒了。我们想创造一些新事物——原来看似不可能的事却成了事实"，弗兰茨说，他原来乌黑发亮的头发已经长出丝丝白发，但诱人的鼻子、细腻的脸部轮廓和友善的眼神依旧。弗兰茨是一位男子汉，稳健又自信。来自海德堡的同仁尼古拉斯·阿尔布雷希特－宾得塞尔博士说，英戈·弗兰茨是一位十分引人注目的人物，没有第二个人能像他那样懂得，给他周围的人群以"如家"的感受。"他认准的事会坚定不移地去做，即使面对和旧有制度抗争的巨大挑战也毫不示弱"，阿尔布雷希特－宾得塞尔补充道。英戈·弗兰茨搬到弗赖堡－豪赫多夫，与他在数周前遭遇到的德国社会制度的一项空缺有关：在瓦尔兹胡特田根附近，这位特别师范大学生在1989年夏天正在照料一位昏迷不醒了数月的妇人。他不认识那位

当时47岁的女士，就在想怎么能够给她以最好的安慰，即使她不能作出明显的反应。"大多数时间我给她朗诵圣经或者握住她的手。有的时候我也尝试喂她一口茶"，他叙述着。奇迹发生了：出乎医生所料，她苏醒了。"这本来意味着我的工作到此结束了，但我的几个朋友和我对取得的进步兴奋不已，还想陪她走一程"，弗兰茨解释说。然而，没过多久问题就来了，这位47岁的妇女必须住进护理院，因为那时还没有合适的康复医院，其他方式的护理也很少。在后来的数周时间里，弗兰茨拜访了许多围绕着这个题目而成立的自助团体。"这显然是现有社会制度的一个空缺，谁都不愿意看到，却涉及千千万万的人群。我突然觉得我有了一项新的使命，而这连我自己都没有想过"，弗兰茨说。从昏迷中苏醒过来的那位太太的女儿决定，请英戈·弗兰茨从夏天开始继续提供流动性服务。弗兰茨接受了这份请求，并着手寻找合适的房子，进行无障碍改造，使其符合新住民的需要。在豪赫多夫他找到了。"那是四栋独立别墅，我们逐渐将它们整合成一个单元"，弗兰茨回忆说。他自己承担了这个完全即兴项目的融资责任，但他心里明白，背后有好朋友支持他，支持他的想法。

豪赫多夫的邻居们一开始以怀疑的态度观望着这个小型社区，因为这个开放的项目有不少来访者。慢慢的，一开始有疑虑的人发现这里有一种社区精神。"只要有烧烤晚会或生日庆典，就必然会到我们这里来举行。因为我们的院子最大"，弗兰茨叙述说。当然，也是因为这里的氛围，各种社会阶层的人都可以来，平等相处的游戏规则在这里显而易见。这种规则起到了特殊作用。友好共处得到了保证，并发展成为一种邻里关系模式。到了1990年2月，这个模式竟然正式成为"教会社区"联合会。"我们突然意识到要保护这种思想，就必须以联合会的形式使它制度化"，弗兰茨解释说。给这个联合会起名时没有多想："我们觉得重要的是要突出教会重点"，这位先前的特殊学校老师说。联合会应该具有"共同体的性质",而不能被降格为服务商。在成立社区之前,英戈·弗兰茨和他的同仁就明白,没有志愿者是不行的。和艾希斯泰滕的斯瓦能豪夫类似,这位创导者首先依托他的同仁们的自愿精神,因为"医疗保险分文不付",弗兰茨强调说。在当时,这个社会空缺只能由志愿者来弥补。今天已经有许多神经病学诊所。而在当时,以改善流动性康复治疗为目的的诊所都是先锋队。开展这种尝试,主要是认为,远离医院的氛围可能会产生更好的康复治疗效果,因为有朋友和邻居的生活环境,更加贴近病人原先的生活。这种回归生活的环境,可以激发许多病人的机能,他们会重新投身到生活中来,会更加独立地参与社区的各种事务。在后来的数年里,不同的人群为项目注入了新的生命。"开始时,有家庭到我们这里来度假,也有刚退休的人过来。常常有刚离婚的人到我们这里,以求调节情绪、抚慰心灵的创伤",弗兰茨叙述说。

就在介绍这个"弗赖堡示范项目"的时候,他一再强调,这个项目带有临时动议的性质。迄今为止,它仍然是居住社区的一种象征,它也是始终"敞开的大门"。居住社区应该是一个开放的没有官方色彩的场所。"由于我们的护理人员必须在现场值班,所以这里日夜有人",英戈·弗兰茨叙述说。今后三年他必须掌握将联合会引向正确方向的全部专业知识。这个方向意味着:创造能满足全部需求的生活空间。首先是满足社会需求,而不仅仅是教会的做法,英戈·弗兰茨说。然而,联合会和他的目标无法在现实社会分工中定位,所以做实这件事真是一件开创性的工作。

除了在弗赖堡-豪赫多夫的工

> »这显然是社会服务体系中的一项空缺，没人愿意看到它，而千千万万的人却需要它。《

英戈·弗兰茨

作，这位三十有五的年轻人还参与城市新区李斯菲尔德的规划工作。1990年代初，人们就希望在李斯菲尔德建设一个"基督教意义上的世界大同中心"，弗兰茨说。建设一种多姿多彩、能够学会团结的全新世界大同中心的邻里关系，是很有吸引力的一件事。他想在李斯菲尔德实现做一个自己项目的梦想，然而他的梦想因为资金没有及时到位而破灭了。"这段时间，我学会了要把工作分配给大家一起做，这样才能调动更多人的积极性"，他解释说。

1994年，为了学习宗教社会学，他搬到了海德堡。迈出这一步很不容易，他为此做了好几个月的认真准备。在动身前，他把弗赖堡的项目交给了一对年轻夫妻，他们表示会将这项已经开始的工作继续下去。在海德堡学习的当年，英戈·弗兰茨就认识了神学院大学生尼古拉斯·阿尔布雷希特。

这位当时23岁的年轻人，原来想在歌剧和戏曲界创一番事业。在参加了卡蒂马维克业余活动[32]后，他决定搬到海德堡学习神学。他经常和英戈·弗兰茨一起去弗赖堡，从而认识了教会居住社区项目。他很快就兴奋不已。这位年轻大学生想把此事做成"一番大事业"，英戈·弗兰茨回忆说。尼古拉斯·阿尔布雷希特－宾得塞尔补充道："在上学期间我一直问自己，如何才能与实际相结合，而英戈在这个领域已经积累了丰富的宝贵经验。"他的激动也感染了其他人。有同样想法的同学也想做点事，阿尔布雷希特－宾得塞尔认识到了这个小项目的潜力。他立即说服英戈·弗兰茨，让这个非常好的核心思想也在海德堡生根发芽。"我们是想把整个事情做大，内容更丰富、让更多的家庭和老人参与，并创造一种城市乡村的感觉"，他今天说。

在海德堡的起步岁月

探路志愿者的多样性提供了发展动力

英戈·弗兰茨被说服了，不久他的校园生活也开始了。海德堡的未来岁月将成为这两位探路者的终生事业。

弗赖堡的主意是好的，英戈·弗兰茨、尼古拉斯·阿尔布雷希特和1990年代中期围绕他们二人的志愿者队伍对此心照不宣。但是，这种思想能否大范围推广，他们心里没底。关键取决于参与者的态度。和许多其他公益项目一样，这个项目也缺钱。大学生们手中的钱仅够交房租，资助一个项目实在无能为力。所以，尼古拉斯·阿尔布雷希特擂响了宣传的战鼓。他到处写信，请求捐款，挨家挨户走访或者动员有钱公民参与捐赠晚会。"你对一件事越有信心，就越有勇气"，他阐述他的行为动机。

终于，他们朝着既定方向迈出了扎实的第一步，他们在海德堡－贝格海姆一栋多住户公寓楼的四层租下了一套两居室的公寓。尼古拉斯·阿尔布雷希特住进了那里的一个房间，另一个房间对任何人都敞开，应该成为联合会在这个社区的根据地。"楼里住

的有些人依靠社会救济生活。从楼梯间里经常听到的许多问题，就能够察觉得到"，阿尔布雷希特－宾得塞尔说。所以，在几周以后，我们组织了一次社会交谈。和弗赖堡一样，这种交谈逐渐发展成了一种邻里关系网络。我们房间里经常"挤满了人"，这就需要增加内容扩大面积。那个"旧的镭－盐水泉浴场"进入了我们的视线。那块地在内卡河边，位置非常好。市政府将用竞标方式出让。教会居住社区联合会给投资商写申请书，希望引起他们的关注。成功啦：1997年夏天，海德堡大投资商罗兰·恩斯特给了居住社区书面答复，并邀请创导者会谈。开始时进展良好，在两个不对等的伙伴之间达成了合作意向。直到一年以后，这件事"变斜了"，估计要黄。可是到了1998年，事情突然有了转机。"居住社区突然红火了。像有一只魔掌突然把原先紧闭的政府办事机构的大门打开了。然而，让我们惊讶的是，要我们这样一个小伙伴承担日常经营的主要开支"，阿尔布雷希特－宾得

塞尔回忆说。我们动用了"全部资源"。这个负担我们愿意承受，因为这距离迈向自有产权只有一步之遥啊。再者，罗兰·恩斯特公司已经承担了 2000 万马克的建设费用啊。

"这个模型从三个改建的内院开始，它们不仅可以在整个建筑群里作为聚会场所，也可以作退避之用。除了一些小商铺和一个文化咖啡馆，建筑师也设计了丰富多彩的公共居住场地，由此可以'就近'加强和扩大邻里团结友爱的文化"，来自法兰克福的建筑师斯文·阿尔布雷希特解释说。这里应该能住 100 ~ 200 人。然而，尽管进行了深度设计，尼古拉斯·阿尔布雷希特父亲免费承担了项目开发工作，这个项目最后还是黄了。"市政府最后决定采纳另一家知名海德堡建筑商的方案"，阿尔布雷希特－宾得塞尔说。这对于居住社区项目是一个沉重打击，并产生了不良后果。

人们最终放弃了建设大型居住社区的想法，将精力集中在小型互助项目上。幸好，尽管在竞标过程中投入了大量人力，仍有一些项目得到了推动，并形成了有效的分散式组织构架。不断有新的公寓加入进来。不久，联合会在市政府资助名单中已经不容忽视了。加盟者与日俱增。很快联合会有了 50 位核心成员。"在海德堡南部我们有分散的公寓和集资房。通过男女住户和许多志愿者邻居的努力，已经发展成为一个令人刮目相看的网络"，英戈·弗兰茨叙述说。现在的问题是缺少一个中心。所有公寓都分散在南部城区。为了弥补这个缺陷，他们在 1988 年租了一栋牧师的房子，那里有更多的房间供参与者使用。"这个无障碍的'马库斯论坛'终于第一次变成了真正的教会居住社区的项目中心"，尼古拉斯·阿尔布雷希特－宾得塞尔说。这是又迈出的重要一步，因为联合会主要希望给需要帮助的成员一个"面向未来的发展前景"。

城南的牧师房子交通十分便利，参与的志愿者随处可达。在最初的两年里，马库斯论坛发展成为一个充满活力的聚会场合。大家都喜欢利用公

》除了一些小商铺和一家文化咖啡馆，建筑师也留出了丰富多彩的公共居住区域，在那里可以'就近'增强和扩大团结友爱邻里关系的文化。《

尼古拉斯·阿尔布雷希特–宾得塞尔

摄影：
Nicolas Albrecht-Bindseil

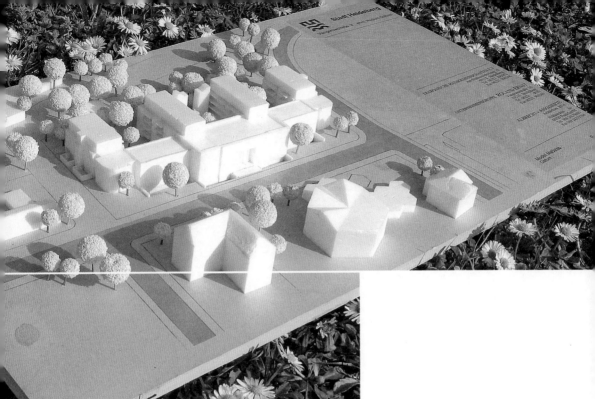

共活动空间，所以利用率很高。"关键的关键是当时遇到了好时机。就像人们陈规老套的想象那样，我们弹着吉他在篝火旁用餐，为每天能发现新事物而兴奋不已"，阿尔布雷希特－宾得塞尔沉醉在回忆中。就像各色人群一样，人们有满脑子的各种主意。"有人提议去养蜂，有人提议去养羊"，他继续回忆道。由于与当时没有牧师的基督教教区保持着良好关系，这栋房子被越来越多地用于日常活动，边上的社区中心也被用上了。为了使双方都能得到好处，我们接手了本来由教区提供的服务。比如一个大厅和紧挨着的大厨房被居住社区用来聚会，举办活动、报告会、论坛和文化日，以此增加联合会的服务内容。10年前在弗赖堡开始的事业第一次以有组织的形式在海德堡开展了起来。

阿恩弗雷德·格布哈特做出了不小贡献。这位斯图加特人在一个自助小组认识了英戈·弗兰茨，那时候弗兰茨正在做一个关于弗赖堡示范项目的报告。格布哈特原来是一名数学专

上图：
万格罗街模型
左图：
骑着独轮车的孩子们。

259

> 》在有些活动结束后，我们会在大衣口袋里发现100马克，有时候我们要拿着帽子走一圈。因为我们知道，弗兰茨一家接下来的时间要靠此度日《

尼古拉斯·阿尔布雷希特－宾得塞尔

业的大学生，在联邦中学生数学竞赛中多次获得冠军。在28岁时他在一次严重事故中得了脑震荡。就在报告会的当天晚上，他问英戈·弗兰茨什么时候也能到海德堡来开展一个这样的项目。在以后的时间里，阿恩弗雷德紧盯不放。他不断地询问，这也是可以理解的，因为就在此时，这位年轻人已经在一家老人护理院里住了一段时间了。从1990年代末开始，阿恩弗雷德就和居住社区结下了牢固的关系。他坚定不移地支持英戈·弗兰茨将他的愿景变为现实。

然而，尽管联合会有那么好的人脉，却还是经常捉襟见肘，缺钱是常事。"经费得不到保障"，英戈·弗兰茨承认。联合会吃了上顿没下顿。"有时候在活动结束后，我们会在大衣口袋里发现100马克，有时候我们要拿着帽子走一圈。因为我们知道，弗兰茨一家接下来的时间要靠此过日子"，阿尔布雷希特－宾得塞尔补充说，他自己也已经是有5个孩子的父亲了。这种境况使员工经常跳槽，因为他们在别处可以多挣些钱。经常有人建议放弃流动服务，改之以开一家养老院。然而居住社区是绝对不会考虑这种建议的。"这样做你们可以更好地与保险公司结算，人们跟我们说"，这位大学毕业的神学家叙述说。然而，英戈·弗兰茨和尼古拉斯·阿尔布雷希特－宾得塞尔做这件事不是为了赚钱或者与保险公司结算。他们是要建设一个有社会意义的邻里网络，为需要帮助的人群提供"自助帮困"。由于在那个时候康复医院太少，所以需求特别巨大。那些因事故或生病而需要护理的年轻人能去哪里呢？医院本身也承受着巨大压力，弗兰茨说。人们最终也认识到，只有在需要护理时，住养老院才有意义，而且也太贵。

英戈·弗兰茨和巴德特尔兹的一家精神病医院关系很好，他经常听那里的病人说，在一起事故后他们就被从正常生活送入了精神病医院。有一位名叫克里斯蒂安·马雷克的病人，他在数年后找到了去居住社区的门路。1988 年夏天，马雷克在一次山地游中不慎坠入白云岩。那时他才 15 岁，还在上学。事故造成的脑震荡让他在有意识的昏迷中躺了半年。接着有三年时间他是在德国和瑞士的康复医院度过的。通过他家乡达姆斯达特的自助联盟，他在 1990 年代末发现了教会居住社区。"我在马库斯论坛试住了三次。我非常喜欢这种居住方式，最后决定搬到海德堡来"，马雷克叙述说。从 2007 年以来他一直住在新建的多代共住屋里。多代共住屋的主人是居住社区。克里斯蒂安·马雷克从家里搬出来，在海德堡开始了全新的独立生活。

》我在马库斯论坛试住了三次。我非常喜欢这种居住方式，最后决定搬到海德堡来《

克里斯蒂安·马雷克

教会公寓居民集体在马库斯论坛门前合影。所有年龄组、不同生活层次的人，不同程度地依附于一种集体生活，他们每天一起用餐，举行庆祝活动，文化生活丰富多彩。

摄影：Nicolas Albrecht-Bindseil

由创意发展成为有组织的行动

包容性生活空间的设计方案和组织结构

居住社区以马库斯论坛的形式存在了多年，逐步扩大了它的社会人脉。在此过程中，居住社区瞄准了农村小型社区的方向，使组织结构简单清晰。过了不久，这种创意引来了门庭若市，以至于边上的教区都容纳不下了。牧师的房子逐渐嫌小了。"我们的联合会中心常常人满为患，所以我们开始寻找其他的房子，并准备作为总承租人"，英戈·弗兰茨解释说。另一个目标是要让组织形式更具约束力。"我们需要一种可靠的构架"，尼古拉斯·阿尔布雷希特－宾得塞尔补充说。幸运的是我们很快在罗尔巴赫区找到了一处合适的房子，可以从 GLS 银行[33] 贷款分期付款。在多代共居屋之前，我们就和 GLS 银行打过交道。银行了解我们的态度和目标，所以我们获得了贷款，尽管我们无法出示自有资金。只能通过私人担保来弥补空缺的自有资金。

罗尔巴赫区对居住社区比较合适，因为它就在原来社区中心的附近，还有项目扩大空间的可能。这在海德堡市中心区是非常难觅的。此外，罗尔巴赫有城际铁路和有轨电车，土地价格也比市中心附近地区便宜。在一切就绪的时刻，我们联合会的一个实习生在互联网上发现，在罗尔巴赫有一家名叫"瑞士大院"的老饭店要出售。尽管投资要翻一番，刚结了婚的弗兰茨和阿尔布雷希特－宾得塞尔仍然毅然决定买下这家老饭店。2004 年 2 月，联合会董事会签署了购买合同。

本来应该可以撸起袖子开始干了，然而在购买瑞士大院和直到 2007 年改建的这段时间里，居住社区经历了从 1990 年成立以来最艰难的时期。"联合会里有为数不多但富有影响力的几个人坚决反对联合会扩张。由此便埋下了许多对抗的潜在危险"，英戈·弗兰茨承认说。就是请来了调解人也无济于事。分歧的焦点主要在于融资[34] 和居住社区发展方向的改变。扩大规模要寻找更多出资人，其中之一是"人类行动 Aktion Mensch"。他们愿意出资 50 万欧元支持这个项目。但是这笔资金只能专款专用，并要求倡议者脑筋急转弯。"我们申请资助是因为我们急需要钱来支付公共活动室的费

即使在投融资方面也会遇到许多不同的互补因素。

264

投融资模式					
支柱 1 *以授予居住权的形式获得自有资金*	**支柱 2** *以工代赈*	**支柱 3** *需用现金支付的自我投入*	**支柱 4** *基金*	**支柱 5** *朋友拆借*	**支柱 6** *银行贷款*
居民预付打折的房租后获得 50 年居住权，每年"扣除" 2% 的居住权	在施工期间预计由义工承担约 4000 个工时。每个工时按 15 欧元计算	联合会向银行保证"有一定的经营盈余"，并从日常开支中将这部分盈余注入项目融资中去	联合会提出了许多资助申请，争取基金投入。这类基金被纳入了融资计划	从资助人和朋友处获得低息贷款。正如阿尔布雷希特－宾得塞尔所说，这样可以压低贷款利息的负担	从前面 5 个支柱还不能满足的资金部分需要从银行贷款

用"，英戈·弗兰茨解释说。在喜庆后甩手走人当然好啊，可总要有人付采暖和照明费的呀。所以我们向"人类行动"提出了申请，而这个组织当时也已经支持过包容性项目了。"我们提出了一个'残疾人和非残疾人聚会场所'的申请资助"，弗兰茨解释说。但是对于这种项目没有相应的资助经费。"人类行动"不愿意资助公共活动空间，因为那里也可能会有失业的学者和吸毒人员过来寻求帮助。他们的资助必须专款专用，并且只能用于残疾人。"在这里'人类行动'没有全面落实包容性思想。他们只愿意资助'残疾人居

住空间'"，他解释说。[35] 这样做的结果是，在瑞士大院一开始确实只允许残疾人入住，我们所追求的社会各阶层和不同健康状况人群混合居住的努力明显受到了阻碍。"如果只资助特定的目标群体，这些目标群体的状态就会被固化，并把他们与社会隔离开来"，弗兰茨谴责道。而我们正是希望通过多代共居屋[36] 的公共空间来尽量调解这类矛盾。

GLS 银行为没有自有资金而又想启动一个大项目的倡议者配了一个项目管理公司。他们一起成功地制定了基于六根支柱的多元融资模式（见上表）。

》如果只资助特殊目标群体，就会
把这类目标群体的状态固化并将
他们与社会隔离。《

英戈·弗兰茨

摄影：elxeneize

266

倡议者计划把瑞士大院改建为邻里论坛，它将接管社区的各种功能，并主要由周边居民志愿者来承担。由于共居屋与"电视塔社区"的新建住宅区离得不远，所以需要帮助的人已经可以早早地搬到居住社区的附近来住。"在项目正式开张前，我们在那里租了加盟住房"，阿尔布雷希特－宾得塞尔叙述说。这样就可以对新的需求作出灵活反应。

2005年5月1日开始进行老建筑改造，我们为此投入了大量精力。这栋建筑将被改造为无障碍建筑。"底层是250m²的公共空间，上面有750m²私人住房，有大小不同户型，大多数为无障碍设计"，阿尔布雷希特－宾得塞尔解释说。按照弗兰茨的说法，加上新建建筑，总共约有1000m²使用面积。其中250m²属于公共空间，剩余的750m²属于私人住宅。一年以后，居住社区提出了建设多代共居屋的申请。"默克尔在她第一任政府声明中，明确表示'多代共居屋'和在此基础上扩大的邻里网络，应该成为未来社会的重要基石。当我们听到这个

资助计划时，我们就明白：这是我们的钱袋子啊"[37]，弗兰茨解释说。在此之前，居住社区从未上过台面。2006年夏天，联合会提出申请为多代共居屋正名。非常荣幸，我们的申请成功了。从2007年1月1日开始，联合会每年可以从联邦财政获得40000欧元的补贴[38]。2007年3月和4月第一批居民就可以入住了。

改造过程令创议者和志愿者终生难忘。他们的辛勤劳动赢得了赞赏和友谊。"这栋房子对所有目前还在协会的人具有巨大的认同潜力"，图宾根罗马东正教教区的牧师尼古拉·吉拉说。在建设阶段，他在工地无偿劳动了一年半。他在公共活动室的门上面帮助安装了四根钢梁。"这栋房子成了我的第二故乡"，这位三十出头的中年人说。从2002年开始，他和他夫人一起加入了居住社区。当时他们获得了基督教科学研究所的奖学金，到了德国海德堡。最初四年，他们和两位坐轮椅的女士住在一个居住组。"我们试图创造一种有尽可能多家庭气氛的社会框架"，他叙述说。在以后的两年里，也

左图： 边上是一个新建住宅区，有许多合作前景，比如建一个大型的老年人帮困设施。

就是在 2005 年和 2007 年期间，是联合会最活跃的时期。"居住社区不可能一成不变，每个人都有自己的想法，最终产生了意见分歧"，吉拉回忆说。现在他每周到多代共居屋来两次，做些后勤服务，希望让一切工作有序进行。

在从创意到正规化的转型过程中，海德堡社会和老年人管理局以及机构开发者迪克·斯特凡·瓦里舍为居住社区提供了许多帮助。后者在 30 年前就认识英戈·弗兰茨了。作为他父母亲的熟人，英戈·弗兰茨在上学期间帮助他通过了拉丁语考试。2004 年他来到居住社区。"一如既往，我在这里工作是为了帮助开发居住社区的组织架构，使得联合会在保持自愿性质的同时，又能将社会经济学部分引入正轨"，他解释说。当时的背景是居住社区要爆炸了，越来越多的求助者涌来，而维持护理和日常构架要花许多钱。来居住社区之前，阿恩弗雷德·格布哈特曾经住在养老院，那里的服务是打包结算的。但是，联合会不想要包干制。居住社区应该为每个需要帮助的人量身定制生活场所。"按照居住社区的观点，阿恩弗雷德应该生活在人群中间，这样他就可以和其他同龄人接触，在日常生活中积极调动他的才能"，瓦利泽尔解释说。然而，为了能够保质保量地组织日常活动和提供护理，确实也需要进行专业包装。"在起步阶段，志愿者行为虽然运转良好，但是从长远来看，还是应该有良好的组织机构，这样也好向市政府正规地介绍联合会的服务内容。于是，我们成立了海德堡 NeuroKom（精神病学康复中心）公益责任有限公司和 Habito e.V."，瓦利泽尔继续说。NeuroKom 作为公益性责任有限公司负责日常事务，而 Habito 作为联合会负责居住照料。此前，由于必须对每个人寻找合适的解决方案，必须跟每个费用承担人分别谈判，所以没有制定正规的运作规则。

作为社会和老年人局局长，沃尔夫冈·赖因哈特还能清楚地回忆，在成

»这栋房子在当时成了我的第二故乡《

尼古拉·吉拉

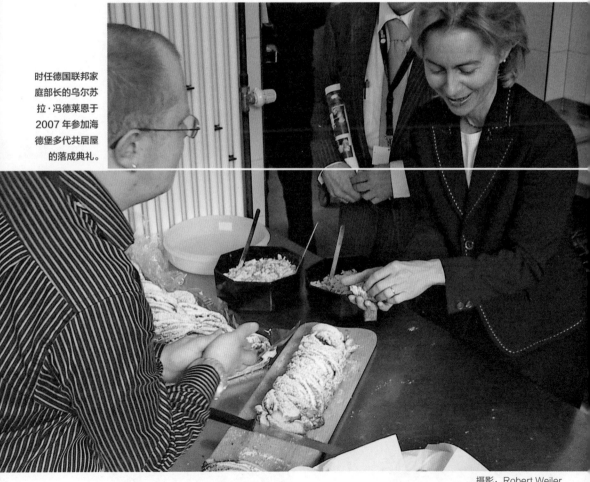

时任德国联邦家庭部长的乌尔苏拉·冯德莱恩于2007年参加海德堡多代共居屋的落成典礼。

摄影：Nicolae Gilla

坐在轮椅里的女帮工在
工地劳动集体眼里已经
是习以为常了。

...2005 年 5 月 1 日，联合会自己动手，开始了
这栋历史建筑的改造，它将被改造成为无障碍
建筑...

摄影：Nicolae Gilla

... 现在到处都在传说居住社区的工作，联合会的人脉在扩大，还有来自整个联邦德国的申请...

立 NeuroKom 和 Habito 之前，联合会来找过他，问市政府能不能为联合会提供经费支持。"我们对居住社区一直给予认真对待，并提供了深入咨询"，赖因哈特说，因为他认识到政府赋予他的职责就是为有目标的创新举措提供支持。他也清楚地看到，社会和老年人局应该说服居住社区建立相应的管理机制，这样他们的服务才可以被纳入结算渠道。刚迈出了这一步，新问题又接踵而来：居住社区的工作在整个联邦范围传开了，全国各地的人纷纷提出申请。各地需要帮助的人都想来海德堡。"现在问题是要不要设限。按照法律规定，在必要时城市也应为搬入的人群承担照料费用。这最终将导致财政无力承担，而且跟那些不提供此类帮困服务的城镇相比，海德堡是吃亏的。所以，居住社区应该只是一个海德堡本地的项目"，赖因哈特强调说。

"今天，居住社区是构架成熟的先锋组织"，迪克·斯特凡·瓦利泽尔说。根据他对形势的判断，流动护理设施的出资方已经看到了发展前景。"市场形势发生了变化。今天，一位残疾儿童的父母希望孩子有一个尽量接近现实生活的美好环境，而不是生活在残疾人护理院里"，瓦利泽尔强调说。大的出资方主要考虑他们的资金安全。关键是要有一个可靠的方案。然而，随着时间的推移，一些大的出资方也越来越关注非常规的流动服务模式。"就在三年前，联合会被挂上了'怪胎'的招牌。虽然这是褒义的，但是没有被认真对待过"，瓦利泽尔说。

现在时代变了。今天人们大谈特谈包容性，像瑞士大院这样的居住社区已经生机勃勃。真如瓦利泽尔所言，联合国残疾人权利宣言起到了关键作用。这份宣言于 2009 年 3 月 26 日在德国生效，为诸如教会居住社区这样的倡议者提供了肥沃的成长土壤。"宣言确实将社会福利政策转变成了一项

2005 年夏季、2006 年和 2007 年，是国际建筑市场繁荣时期。

273

> 三年前，联合会还是被挂着'怪胎'
的招牌。虽然是褒义的，但是没有被
认真对待过 《

迪克·斯特凡·瓦里泽尔

保障残疾人权利的政策"[39]，德国人权研究所联合国残疾人权利宣言监督站负责人瓦伦丁·艾歇勒在"政治与现代史"杂志上发表的一篇文章中这样写道。宣言构建了德国残疾人政策的权利框架，他补充说。在基督教民主联盟（CDU）、基督教社会联盟（CSU）和自由民主党（FDP）于2009年达成的联合执政协议中写道："直接或间接涉及残疾人的政策决定必须与联合国残疾人权利宣言的内容保持一致。"[40]

海德堡多代共居屋欢迎每一位，并且应该使他们有被接纳的感受。英戈·弗兰茨和他的同仁们将这种哲学变成了居住社区的品牌。"联合会不应该是福利共同体，而应该是多样性共同体"，英戈·弗兰茨再三强调说。所以一定要注意平衡，让学者家庭和无家可归者或心理不稳定的人都愿意住进多代共居屋。迪克·斯特凡·瓦利泽

尔同意这种观点："作为机构开发者，我愿意说，混合和参与应该组织的更好。有需要帮助的人和正常人参与正常生活的混合度应该更高。"

附近新小区的住家也喜欢到海德堡－罗尔巴赫的多代共居屋来，因为这里是一个儿童乐园。

摄影：Architekt Hartmut Würster

...创议者计划将瑞士大院扩建为邻里论坛，承担
各种不同的功能，并主要通过周边住户的志愿者
行为来承担...

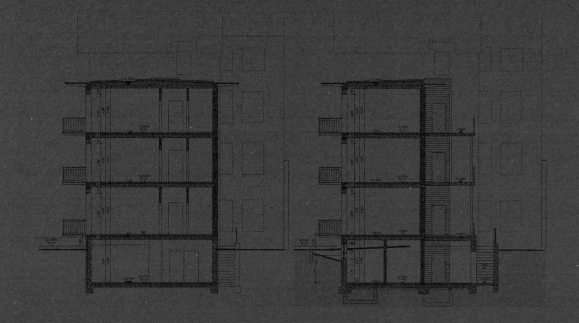

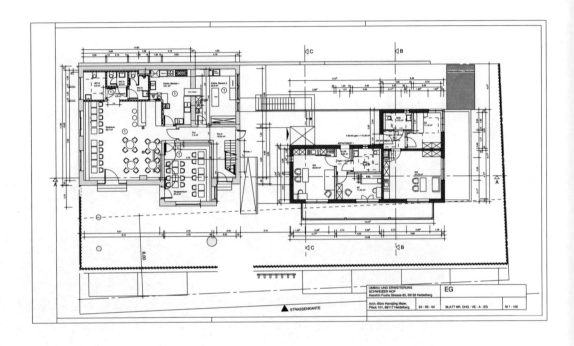

》升高的底层有 250㎡，作为公共活动空间，楼上是私人公寓，有各种大小的单元房，大多为无障碍设计，总共有 750㎡《

阿尔布莱希特·宾得塞尔

在多代共居屋里的生活和工作

偏见和歧视消融了

就像英戈·弗兰茨和尼古拉斯·阿尔布雷希特－宾得塞尔初始设想的那样，瑞士大院在海德堡成了一个开放的场所。即兴动议的特点没变，所以可以针对住户和来访者的需要及时作出灵活反应。在多代共居屋里的生活有时候会随心所欲，甚至有点乱哄哄。为了不至于让一切都杂乱无章，也规定了一些固定服务来组织日常生活秩序。比如有固定的用餐时间——早餐为 9-10 点，午餐为 12：30-13：30，晚餐从 18：30 开始——用餐时间人总是很多，而且是在宽敞的公共活动室里。

英戈·弗兰茨引入了一个午餐前交谈的机制。等大家入座后，弗兰茨会用大约 15 分钟时间，报告今后几天有什么特别活动，谁过生日，或者这一

摄影：Judith Köhler

开饭前会通报一些有关共同体生活的消息，并对每个帮工表示感谢。午餐谈话成为日常生活的固定部分。

天有什么历史事件。也有人愿意念一首诗或者今日格言。对所有志愿者表示谢意是这轮谈话的固定仪式：这是对人尊重的一种练习。午餐谈话是一种共同的信息交流机制，来访者和住户都很尊重，即使有人闻到午餐的美味而垂涎欲滴也雷打不动。

提供美味午餐的负责人是贝恩德·施奈德大厨。除了掌勺，他还负责计划和每周的采购。施奈德三十出头，不善言语，他要先察看周边人群才会建立友情。"一开始我拒绝在这里工作，因为我不想跟残疾人打交道，对这个共居屋我一点感觉都没有"，他说。2010年，他作为实习生开始在这里工作，2011年初被任命为厨师长。"在员工的帮助下，我找到了自我。我们谈了很多，让我慢慢地和这里的居民建立了联系"，他回忆说。现在，他在教他的两个儿子阿德尔贝特和阿德拉学习做饭，他们和父亲一起住在瑞士大院。"对我来说，珍惜食物非常重要。我不想做得太多，把最后吃剩下来的食物倒掉"，他解释说。他按部就班地工作。施奈德愿意早晨干活，享受自由。

"比如做饭的时候我可以享受音乐，大家都尊重我的做法"，他说。

贝恩德·施奈德喜欢美国黑人说唱音乐，乐曲声常常在晌午时分从厨房传到旁边的公共活动室。阿恩弗雷德·吉布哈特并不觉得扰人，而是相反。这位多代共居屋的47岁居民平时喜欢与人共处，所以经常待在公共活动室里。1993年出事故前，他在大学学习国民经济学和政治，并多次获得数学竞赛大奖。事故造成的脑震荡迫使他坐上了轮椅，每天在心理、物理和标识理疗中度过。在瑞士大院居住对他是一种特殊待遇，因为他原来在养老院里住了许多年。"我觉得多代共居屋完美无缺。不仅我这样认为，别人也这样认为"，他说，并补充道："无障碍不仅仅是针对残疾人的，也是针对所有人的。比如，当有人因家里缺钱而不能上大学时，对于这个人来说这也是一种障碍"，他解释说。和吉布哈特一起共处的还有斯维拉纳·海因茨。这位22岁的姑娘学习治疗教育护理第三年了，是Habito的第一期学员。她的任务主要是照料这里的居民。

"我订购药品，陪居民看病，探视突然没来用餐的人"，她解释说。一次偶然机会使她认识了居住社区。初中毕业后，她去职业学校学习社会服务，并开始在 Habito 实习。一年后，斯维拉纳·海因茨得到了一份一年期的合同。2009 年她开始了三年期的培训。在这段时间里，她经常加班。"我很喜欢这里的人"，她说。2009 年 2 月，当一位她曾经精心照料的居民去世时，她伤心极了。"我开始工作时，这里规模还很小，更有家庭特色。今天邻里关系已经疏远了许多"，海因茨解释说。培训结束后，她想再积累两年工作经验，然后去上大学。"我在居住社区学到了许多，使我更加自信了。我要对人责任，每天需要做很多决定，在工作中我得到了锻炼。此外，同事们也经常给我提一些很有建设性的意见和建议"，她叙述说。当然啦，有的时候也不是那么容易的。"我肯定也会犯脾气，好在这里的人都很宽容。冲突往往不是单方面的，居民们有时会反驳，但他们也经得起批评，当我说'不行时'他们也能理解"，她解释说。在她的裤子上别着两部对讲机，还挂着一大串钥匙。"做后勤服务就是这样的。必须随叫随到，让一切运转正常"，她说。

为了保证一切运转正常，多代共居屋可以提供不同内容的服务。早班一般有两人值班，从 8：30 到 16：30。"在这段时间里，要接需要帮助的人用早餐或午餐，检查配的药是否都吃了"，米歇尔·奥伯尔伦德解释说。他在居住社区是英戈·弗兰茨的助理。同时还要注意让居民和来访者参与组织的日常活动，主要有计算机组、记忆力练习、多媒体工作组或者参加合唱。大多数情况下，晚班也有两个人值班，从 13：30 到 21：30。任务和早班相似，奥伯尔伦德解释说。早班和晚班合起来就是所谓的后勤服务。夜间有一个人值班，帮助有些居民上床，直到早上 8：30 都能找到他。"目前所有小组运转正常，只有创新小组有点短缺"，奥伯尔伦德说。

艾瓦·奥尔切夫斯卡和安德烈亚斯·布朗艾森是居住社区的铁杆。他们每周组织的活动都很受欢迎。奥尔切夫斯卡是歌剧演唱家，来自波兰吕

只要有时间，贝恩

德·施奈德就会告诉这

个小女孩阿德拉，怎

样才能把饭做好

»这里的员工帮助我找回了自我。
我们聊了很多，使我逐渐和居民
建立了联系《

贝恩德·施奈德

摄影：Judith Köhler

居住社区的作息时间表

时间	周一	周二	周三	周四	周五
9：00	早餐	早餐	早餐	早餐	早餐
10：00 - 12：00	贝恩德·施奈德组织的厨房／家政工作组 10：00 开始米歇尔·奥布伦德尔组织的祈祷和记忆力练习	贝恩德·施奈德组织的厨房／家政工作组 多媒体工作组到 12：00	贝恩德·施奈德组织的厨房／家政工作组 多媒体工作组到 12：00	贝恩德·施奈德组织的厨房／家政工作组 和米歇尔·奥布伦德尔一起出游	贝恩德·施奈德组织的厨房／家政工作组 和法拉特·古特希尔夫一起做创意练习
12：20	帮助用午餐	帮助用午餐	帮助用午餐	帮助用午餐	帮助用午餐
12：30 - 12.45	午间谈话	午间谈话	午间谈话	午间谈话	午间谈话
12：45 - 13.30	午餐	午餐	午餐	午餐	午餐
14：00		准备小酒吧		准备小餐馆	架子鼓练习
15：00	艾瓦·奥尔切斯卡教大家练习讲话	和米歇尔·奥布伦德尔一起参加小酒吧活动（周六也有）	和米歇尔·奥布伦德尔一起参加小酒吧谈话	儿童游戏活动	咖啡等
16：00 - 18.00	艾瓦·奥尔切斯卡一起练习合唱	小酒吧	开放式大会	儿童游戏活动	下午文化活动
18：00	和艾瓦·奥尔切斯卡一起喝咖啡	一起准备晚餐	一起准备晚餐	一起准备晚餐	一起准备晚餐
18：30	晚餐	晚餐	晚餐	晚餐	晚餐
19：00	一起收拾餐具	一起收拾餐具	一起收拾餐具	一起收拾餐具	一起收拾餐具
20：00	帮助铺床睡觉	帮助铺床睡觉	帮助铺床睡觉	帮助铺床睡觉	帮助铺床睡觉

本，距离布雷斯劳约70km。2003年，她获得奖学金来到德国斯图加特，2009年开始住在多代共居屋附近。她一直负责一个合唱团，并提供会话教育。"在我加入居住社区的一个居住项目后，我开始了一项新的包容性合唱工作。我还参与个人艺术修养培训工作－比如海德堡多代共居屋里的一位女住户。她在一次重大交通事故中，对自己声音的辨别能力受到了很大限制。当我亲眼看到她重新找回她的声音并且能够越来越自信和愉快地用音乐表达自己的思想时，那种感觉真的美妙极了。我很愿意参与这种发现之旅"，奥尔切夫斯卡说。她很早就参与社会活动。"作为一名艺术家，当我看到有人不能很好发挥他的才华时，我会十分敏感"，她补充说。四年来，她参与一个涉及许多失业人群的项目。"我在那里组建了一个无家可归者合唱团，直到今天还担任那里的指挥。这个合唱团逐步发展成为一个包容合唱团"，奥尔切夫斯卡叙述说。她的职业活动大多安排在晚上，所以她下午可以很好地从事公益活动。她每周四次来瑞士大院，弹钢琴或者和居民们一起唱歌。她最喜欢多代共居屋的人情味。"我认为，这个开放式共同体能够在如此繁杂的事务中运转良好是一个奥秘。在这里我很自我，没有人会对

别人有什么期盼"，这位深色头发的歌剧演唱家补充说。

安德里亚斯·布朗艾森也非常看重这种氛围。他从2007年开始住在多代共居屋的一楼。尽管他在30年前的一次滑雪事故中左半身瘫痪，但他还能独立生活。这位曾经的图宾根大学法律系大学生，现在已经完成了五门职业培训课程，其中包括工业商科职员和专业会计培训。每个星期五他在瑞士大院组织一次午后文化活动。一般请一个人讲一个专题，介绍在美国或澳大利亚出游经历的讲座最受欢迎。其他题目，比如戏剧表演或音乐演出也很受欢迎。"经常有十来个人参加，在足球世界杯期间除外，这种时候是没有人来的"，他说着就欢快地笑了。要是请来了一位资深的政治家，参加的人会更多。对他来说，在多代共居屋居住是最理想的，他非常看重这里舒畅和突显生活信仰精神的氛围。在这种无拘无束的共处中，时而又有一种约束力的存在，他认为非常美好。"我想找人聊天时，我就下楼。总有事情可做"，布朗艾森说。

多代共居屋为它的居民和附近的常客展示了新的前景，同时也减轻了家庭的负担。其中就有来自内卡尔格明德的卡滕提特一家，距离海德堡市中心大约20km车程。罗泽玛利·卡

每周安排一目了然－周末也一样－用餐时间是固定的。除了一些固定安排，经常也有许多即兴活动。

285

艾瓦·奥尔切斯卡在一个生日庆典上演奏钢琴。

摄影：Judith Köhler

安德里亚斯·布朗艾森从 2007 年开始住在瑞士大院。

》作为一名艺术家，当我看到有人不能很好发挥
他的才华时，我会特别敏感。《

艾瓦·奥尔切斯卡

滕提特今年 82 岁，是四个孩子的母亲，膝下儿孙满堂。她儿子拉尔斯·乌伟住在瑞士大院，这对她和她的家庭是一个巨大的支持和解脱，因为"多代共居屋能够如此（褒义的）'管束'我的儿子，让他愿意住在瑞士大院，并感觉良好"，她解释说。1983 年，她儿子发生了严重车祸，在医院里和一家康复医院住了 19 个月。"后来，医院认为他已经痊愈并具有社会服务能力，就把他送了回来"，罗泽玛利·卡滕提特说。然而，这个诊断是完全错误的，事实也很快证明了这一点。拉尔斯·乌伟·卡滕提特开始在一家自闭症护理院做社工。但没过几个星期，护理院院长就给他家打电话，问他母亲，为什么送她这个有病的儿子来做社工。"拉尔斯·乌伟根本不能独立生活"，罗泽玛利·卡滕提特解释说，她接到这个电话惊讶不已，感到她被医生抛弃了。开始时，他儿子被作为病人允许待在他曾工作过的护理院。后来他去了在巴德特尔兹的一家康复医院，在那里认识了英戈·弗兰茨，并与居住社区建立了联系。"1999 年末，拉尔斯·乌伟回到海德堡，居住社区联合会非常热情的接纳了他"，罗泽玛利·卡滕提特细数说。

在接触到居住社区和搬进多代共居屋的 16 年时间里（他从 2007 年开始和安德里亚斯·布朗艾森一样住在老楼里），是这个家庭最困难的时期。"我心力交瘁"，罗泽玛利·卡滕提特说。她因心理忧思而必须接受医生治疗，因为她的日子太过艰难了。直到今天，拉尔斯·乌伟·卡滕提特还会遗忘许多事，也不能给自己做饭、搞卫生或者想着吃药，他母亲说。"他一直要人'推着走'"，她解释说。今天，父母和儿子每三周见一次。罗泽玛利·卡滕提特虽然还是她儿子的照料人，但瑞士大院接管了对他儿子的健康护理工作。"在英戈·弗兰茨和他同事的帮助下，我如释重负。现在我不会那么快的情绪激动了"，她满怀感恩之情地说并补充道："居住社区确实是一个令人钦佩的机构，它将各种人群团结在一起。"以前的话，像我儿子这样的人只能去护理院，而在海德堡教区居住社区的多代共居屋里，他却居住在生活中间。

和这里的许多居民一样，拉尔斯·乌伟·卡滕提特在多代共居屋拥有永久居住权，只需要支付打折的房租。他的退休金有 700 欧元，在一家残疾人工厂他还能挣大约 100 欧元。此外，居住社区还能从市政府获得一笔安置费。没有护理费补贴，因为拉尔斯·卡滕提特没有达到护理等级。

右边一页：
多代共居屋公共活动室估算费用。和海德堡 NeoroKom 公益责任有限公司和 Habito 协会有理想的分割 [41]。

		月／欧元	年／欧元
公共空间费用（多代共居屋的底层，教堂，办公室）：200m²	"房租"（贷款，还本，折旧）	2000	24000
杂费	200×3 欧元	600	7200
固定资产折旧	100000 固定资产		10000
维修／管家／清洁费用	12000 每年	1000	12000
汽车／共享汽车		400	4800
IT(维修／折旧)		500	6000
邮电费用		300	3600
办公用品		300	3600
保险		200	2400
公共关系		500	6000
人工费 会计部分费用＋厨师部分费用	公共空间管理／包容性补贴＋	5000	60000
	做游戏负责人／工资	700	8400
客人招待费			48000
其他			6000
提留			8000
支出总计			**210000**
多代共居屋行动计划			40000
来自两家社会伙伴组织的横向支付			60000
捐款和其他补贴			60000
客人招待自理部分			30000
对外收费			20000
收入总计			**210000**

费用明细

志愿者和来访者

友好关系共同体没有属性定规

　　没有志愿者就没有教会居住社区。英戈·弗兰茨和尼古拉斯·阿尔布雷希特－宾得塞尔从一开始就明白这一点。志愿者工作是联合会的支柱，这不仅仅是因为这样可以有人来从事必要的工作，更因为通过志愿者可以保证社会融合。谁、何时、多长时间来帮忙都是完全自由的，没有义务，这一点对于倡议者十分重要。当然，通过定期接触会产生约束力，在最佳的情况下还会产生友谊。志愿者来到多代共居屋的原因就和人一样是多种多样的。有的人每天都来，有的人定期来，有的人则没有固定时间。

　　萨沙·李纳维格和米歇尔·恩斯乐这两位父亲每周四来参加下午的儿童活动。两个人都结婚了，他们的孩子有的上了幼儿园，有的已经上小学了。两个人都看重多代共居屋丰富多彩又不带商业味道的各种活动。"瑞士大院承担了本应该由村子承担的功能。比如，我把家里的钥匙留在这里，以防不小心把自己锁在了外面"，恩斯乐说。此外，我们随时可以来请人帮忙或者借一把工具。对于来访者的另一个重要之处，是在这里他的家庭可以与完全不同的人群相处，从而能够扩大视野。

　　李纳维格也是这么看的。这位 37 岁的父亲是与居住社区有合作关系的海德堡一所九年制中学的老师。他们学校的学生每年两次到多代共居屋来实习。"鉴于老龄化过程，必须吸引更多的年轻人参与志愿者队伍"，他强调说。他的两个孩子已经进了一所包容性幼儿园。在多代共居屋，人们不说残疾，而是说需要帮助，他觉得特别迷人，听起来不是那么别扭。"我们每一个人在某个方面都是需要帮助的。在这里人们同舟共济，互相学习。我希望我的孩子也能接受到一些这方面的思想"，他解释说。多代共居屋对于他们应该是一种常态，因为他们住在边上的"电视塔社区"里，都是健康人，有钱人，一切都显得很美好，他故意吹嘘。他的孩子现在已经懂得，世界上有人需要得到多一些的帮助。而他本人很愿意来串门，那是为了获得一种不必要追求十全十美的感觉。他认为，当今的职业世界里期待所有人都十全十美。当然，这不是让萨沙·李纳维格在感情上与居住社区紧密相连的唯一原因。在上大学期间，他属于英戈·弗兰茨和尼古拉斯·阿尔布雷希特－宾得塞尔身边的核心团队。他的任务是关注企业经济层面、形象维护和签订居住权利合同。他和其他一些人一样，他不同意联合会有戏剧性的方针变化，以致最后需要"Aktion Mensch"的资助。2004 年他与居住社区分手，开始了公务员预备期培训。从此以后，他觉得自己像一颗"卫星"一样在围绕着联合会飞行，但自己不再介入。然而，他的职业方向还是瞄准了居住社区。"关键是我在这里所学到的东西"，他强调了联合会的社会价值。

米歇尔·恩斯乐和他的儿子约翰参加下午的儿童活动。多代共居屋负责活动的准备和管理。年轻人和老年人可以根据各自喜好参与活动。

摄影：Judith Köhler

291

卡特琳·蒂姆克
在工作

摄影：Judith Köhler

... 卡特琳·蒂姆克认为，多代共居屋是一个受欢迎的中间站，因为它可以帮助人们积累从业经验，在劳动力市场找到更好的机会...

卡特琳·蒂姆克结束了在瑞士大院为期六个月的实习。她接受过办公室管理员的职业培训，现在正在找工作。对她来说，多代共居屋是一个受欢迎的中间站，因为它可以帮助人们积累从业经验，以便在劳动力市场上找到更好的机会。27岁的她出生在柏林，15岁时搬到施特拉尔松德。和瑞士大院的许多人一样，她也需要帮助。蒂姆克出生时患有先天性背部开放疾病（脊柱裂），必须坐轮椅。她的任务主要是办公室工作，比如宣传册页设计或文字校对，网页维护或在小餐厅帮忙。实习对她很重要。"有的时候这里很闹腾。但这对我增加阅历有好处，以后我可以更有目标地去求职"，蒂姆克说。她认为在居住社区的工作具有重要的社会价值。"许多人到这里来，是因为他们根本不知道业余时间该做点什么，或者根本吃不上一顿热的午餐"，她解释说。丹尼尔·哈纳也同意这个观点。这位30岁的年轻人几乎每天都来多代共居屋，"因为这比一个

人窝在家里好"，他说。每周五次他来小餐厅义务帮忙，给人续咖啡，看看蛋糕还够不够。他很高兴在这里很快就认识了许多人。"跟那种家乡农场不一样"，哈纳解释说。

铁路工人米歇尔·托特从2005年开始在这里做义工。他的专长是大小修理，遇到马桶座圈松了、毛巾架晃动了或者必须换一个白炽灯泡这种事，米歇尔·托特很愿意帮忙。托特每周到多代共居屋来两三次，每次两个小时。也跟大家在一起用早餐。"最重要的是有时间来听他们说话"，他说。他不把自己看做是一位理疗师。"有人说我比理疗师更好，因为我首先根本不去尝试给某人做理疗，而是想办法恢复一个人的生活勇气，建立自信"，他解释说。托特已经结婚，有两个孩子，住地距离瑞士大院约1km。在瑞士大院改建过程中，他总在工地上，甚至还搭上了他的假期，他一面帮忙一面教外国大学生学手艺。现在，他已不再愿意失去这几年建立的友情。和养老

在租下来的隔壁房子原来的车库里，有一个可以无障碍通达的房间，那里有计算机工作台和一个厨房，现在已经和整个大院连在一起。

院不一样，他在这里体验到了人情味和团结，尽管也有困难的时候。"多代共居屋替代了 40 年前消失的大家庭"，他说。

说着话的当儿，活动室那边传来了钢琴的乐曲声。午后儿童活动开始了。虽然还在学校假期里，很多家长还是带着孩子来了。他们一起画画，做游戏或者一起朗诵。在人群里经常也有安德烈·哈赫曼，她以前从事教育工作。目前她在厨房帮工，搞卫生擦桌子。自由分工对于这位 45 岁的临时帮工是最理想的。2011 年 8 月开始，她定期来瑞士大院。"当你来的时候人们会说：'你来啦，太棒了。'你就会觉得人们需要你"，她说。当然我们需要许多耐心。"今天我给那个人的鞋子穿了又脱至少有 30 次，因为总有点挤脚，要么说鞋子太热了"，她笑着说，一边叠着晾干的毛巾。她对面坐着来自爱尔兰的萨拉·居斯特。这位 31 岁的爱尔兰人有点腼腆，不善言谈，却很愿意动手干活。哪里需要她就去哪里——在小餐厅，午后儿童活动或者铺桌子。

这位原先的艺术大学生正在找工作，并愿意用她现在的空余时间多做些有意义的事。她在多代共居屋帮忙的同时又在一家幼儿园做一份一欧元的工作，这是一种非常好的混搭。"或许会得出什么结果来"，她期盼着。

相比之下，希贝勒·克雷森的日常生活排得满满的。她是瑞典语和荷兰语翻译，四个孩子的母亲。但是她还是愿意张罗事。迄今为止，她作为负主要责任的组织者，已经在海德堡音乐厅组织了两场有 1000 多位观众参加的大型慈善音乐会。她是通过三岁的女儿尤迪特认识多代共居屋的。她的女儿在新房子里上蒙台梭利托儿所。"在那里可以非常自由地参与劳动，带四个孩子来也没有问题"，这位 39 岁的母亲说。附带着做一些自由工作很有意思，即使从长远来看她还是愿意重操自己的翻译职业。有时候她会和来自阿姆斯特丹的同伴康尼·坎穆斯特拉聊天。与克雷森不同，坎穆斯特拉已经结束了她的职业生涯，这位曾经的外语秘书从 2010 年年中退休了。她

》有的人说我比理疗师强，因为我根本没有尝试为某人理疗，而是想办法让他们恢复生活勇气，建立信心《

米歇尔·托特

米歇尔·托特在用早餐时向阿恩弗雷德·吉布哈特祝贺生日。

参加公益劳动：
安德烈·哈赫曼（左）
和萨拉·居斯特

》当你来的时候人们会说：'你来啦，太好了。'
你就会觉得你是有用的。《

安德烈·哈赫曼

摄影：Judith Köhler

之所以来到多代共居屋，是因为她曾经做过临终关怀。促使她做义工的动机是因为她自己是一个癌症患者。"人们很快就信任我了，因为他们知道我战胜了和他们一样的恐惧"，她说。在瑞士大院工作没有接触到恐惧。现在她每周来一次，和一位居民一起画画。事情就是这样，因为她最终做出了什么贡献是无所谓的。"我会去搬垃圾桶，也会去厨房帮助摘菜。我始终很清楚，我要把我的一部分能量奉献给我周边

的人"，她强调说，脸上露着笑容。当然她的付出不是单向的。她的奉献为她打开了通向未知世界的大门。比如在居住组的生活。"我自己是不会考虑的，但是当我看到和认识这种居住方式时非常激动"，坎穆斯特拉解释说。多代共居屋对附近居民有如此大的吸引力，在瑞士大院有一种村里人的感觉，她解释说。"谁有兴趣都可以进来看看，这样也就有了亲切的交谈"，她说。

在通过互联网和邮件取得联系后，他到这里访问已经四周了。很快，这位汉堡人决定搬到海德堡来：安德里亚斯·布兰特在瑞士大院他的房间里。

摄影：Judith Köhler

住户、家属和员工访谈录

安德里亚斯·布兰特

　　安德里亚斯·布兰特出生在汉堡，他是一位计算机工程师，一直工作到 2004 年。大约在此之前 8 年，他被医生诊断出多发性硬化症。布兰特已经有所察觉，但不愿意相信，因为他对病情发展的结果是了解的。2010 年他搬到海德堡。在此期间多发性硬化症继续恶化，所以他宁愿住到有照料的居所里生活。安德里亚斯·布兰特 1962 年出生，离异，两个成年孩子的父亲。

汉堡肯定也有漂亮的房子，也有有照料的居住方式。你为什么要到海德堡来？

在很长的工作经历中，我熟悉瓦尔多夫周边的环境。我在SAP工作过一段时间。在一次疗养中我认识了一个女朋友，她是本地人。那是 2009 年，她是友谊之锚，使我动了搬家的念头。当我在互联网上搜索相关信息时，我找到了居住社区。然后一切进展神速：经过几周试住，我就从汉堡搬到了海德堡。

住在这里您觉得怎么样？

非常好！当我的终身伴侣在 2008 年去世后，我在汉堡的朋友就很少了。我觉得很孤单。我的孩子虽然在汉堡念大学，但他们首先是自己过日子，我也不想成为他们的负担。住在多代共居屋里有很多好处：每天大家一起共进早餐，就可以和完全不同的人接触。同时，如果我愿意也可以保持一定距离，或者回到自己房间里。当我生病了肯定会便捷地得到许多帮助。

您住得怎么样？

我住在升高的底层，52m²，带一个阳台。有一间大的起居室，带厨房，还有一间卧室。整个住房是无障碍设计。当然为了防止摔倒只有淋浴，没有浴缸。

您每天是怎么过的？

我一般 8 点起床。每周洗几次淋浴，洗澡时特别小心避免摔倒。9 点我和其他人一起在公共活动室用早餐。然后我就坐在计算机前或者看书。12 点用午餐。饭后小酣片刻，尤其是在度过充实的职业生涯以后。我常常有一种应该再做些什么事的感觉。18 点我去吃晚饭。

您工作了多长时间？

一直工作到 2004 年，然后就退休了。这可真是决然的转折啊：从每周工作 50 小时到零小时。此后的歇息虽然很美，但兴头很快就过去了，因为我不能不做点什么而永无休止地度假啊。

» 目前，我参加用餐，对谁都很友好。特别美好的是这里的每一个人都会'仔细倾听'。《

安德里亚斯·布兰特

您目前的健康状况如何？

自从住到这里来以后，我的病情稳定了。但愿能保持下去，但也不好说。

您尽管有病对未来还有计划吗？

确实有。我想和一位巴登的朋友一起开一个精神理疗诊所。为此我们两个正在进修。

您觉得居住社区的方案有什么需要改进的地方？

开放式社区的想法是好的，但最好还要有一定的保护。

您目前在多代共居屋参加些什么活动？

目前我参加用餐，对谁都很友好。特别美好的是这里每一个人都会'仔细倾听'。 ♯

希尔克和沃尔夫冈·施瓦茨

希尔克·施瓦茨 1978 年在科隆出生，天生四肢瘫痪，这是她在出生时缺氧造成的。由于她的肌肉因此而永久性紧张，只能在有人帮助下行走，否则只能坐电动轮椅。她的父亲沃尔夫冈·施瓦茨补充说，希尔克没有瘫痪，纯粹是身体协调问题。"她在精神上完全是个正常人"，他强调。两个人每年见两次面，每次大约一周。

》我的父母把我教育成一个思想开放的人，给了我许多爱、幽默和信心。《

希尔克·施瓦茨

摄影：Judith Köhler

希尔克和沃尔夫冈·施瓦茨在多代共居屋的花园里。

希尔克，您什么时候来居住社区的？

我 2000 年来海德堡参加办公室管理员的培训。后来由于健康和心理原因辍学了。于是我问自己：我现在怎么办啊？市政府给我安排了一个护理员，是她让我知道了居住社区。这是 2002 年的事。

您对联合会的第一印象如何？

老实说我本来一点都没有兴趣。我想这不就是教会干的事么。但是我要展示我良好的意愿。这里所有人对我都很友好，于是我也要对大家友好。

后来呢？

我住进了一个罗尔巴赫的居住组，它也属于居住社区。2007 年我从那里搬到了多代共居屋。今天，我和另外两个人住在一个居住组里。挺好的，因为每个人都有自己的房间，每个人都很独立。

您每天的生活是怎么安排的？

内容很丰富。前不久我做了接待服务。现在我帮着叠衣服。此外我愿意参加每天安排的活动，比如创意组或戏剧组。新近也参加了一个摄影班，可以学习摄影基础知识。以后需要按照规定的主题拍照。除此以外，我也在公共活动室用餐，除了看医生和治疗运动，有时也去小餐厅坐坐。

您从居住社区得到了哪些帮助？

联合会和一家护理服务机构有合作。这家护理机构承担基本护理服务如洗漱、淋浴和穿衣服。日常生活中我也得到帮助，比如洗碗、洗衣服和吸地。

沃尔夫冈·施瓦茨从 1986 年开始成为希尔克的继父。这位 58 岁的父亲出生在科隆，在谈他这几年对多代共居屋的印象时，讲一口漂亮的莱茵兰话。

施瓦茨先生，您会怎样描述多代共居屋？

它是一件完美的艺术品。人们能够获得他需要的帮助，但当他需要时也可以得到安宁。希尔克以前在分散在城市各处的居住社区的居住组里住过，在这里她生活有秩序多了。

希尔克在这里被照料得很好，您有这种感觉吗？

当然啦。当我知道总有人在看护她时我心里就很好受。希尔克是一个高智商的人，就是因为心理问题生活不能自理。

是什么样的问题啊？

希尔克患有边缘性综合征，这是一种人格障碍，表现极不稳定。比如两年前，她有过一个厌食阶段，体重比现在轻了40公斤。所以她在重新住进多代共居屋前，在医院住了九个礼拜。迄今为止，医生还提出了许多要求，比如我的女儿应该在房子里和大家一起用餐。这里的人帮助希尔克重新走上了人生轨道。

除了日常照料服务外，居住社区还有什么功能？

在这里当然是为了消磨时间。像从业一样完成一件正式的任务在这里是没有的。许多人虽然有心理障碍，但相互都很尊重。必须清醒地看到：这里的人也不是什么都喜欢的。当然这是一个大的共同体，什么都允许，没有强迫。

就像您在海德堡经历的那样，您喜欢多代共居屋这种思想的哪些方面？

这里特别注意保持住户的独立性。也就是说，有什么事大家商量，而不是一个人说了算。和养老院不一样，在这里个性得到了尊重。

如果不能住在这里，希尔克还有什么选择？

那就只有护理院了，也可能是养老院。不，不，多代共居屋是最佳选择。我想即使在将来它也一定是性价比最好的。

希尔克在这里的住宿费用是怎么解决的？

她可以得到护理服务，因为她是护理2级。此外她可以得到国家基本保险和安置服务补助。剩下的我就不太清楚了，这些事有一位法定护理员管。每个月她还有150欧元零花钱。

希尔克来海德堡之前住在哪里？

在克尔彭我们的房子里。当然那里有许多台阶，每次都要把希尔克抬过去。对于她的自立来说，离开家太重要了。许多父母耽误了放手的最佳时机。

还有一个问题问希尔克：您的父母在教育方面为你做对了些什么？

他们把我教育成一个开朗的人，给了我许多爱、幽默和信心。

克里斯蒂安·马雷克

　　克里斯蒂安·马雷克这位黑森州人 15 岁时在白云石山中坠崖重伤。1988 年夏天在和朋友登山时，他不幸坠入 25m 深谷。后来，他在因斯布鲁克像植物人一样躺了半年，接着是没完没了的康复和疗养。事故使他得了脑震荡，所以至今他仍然记忆力衰退并患有严重癫痫，必须依靠助行器走路。他住在瑞士大院有照料的公寓里，并拥有 50 年居住权。

》但是，我一定要像健康
人一样做事，比如给自己
洗衣服。《

克里斯蒂安·马雷克

克里斯蒂安·马雷
克在 1988 年登
山时坠崖，得了
脑震荡。

摄影：Judith Köhler

来多代共居屋之前，您在您父母家里住了很长时间。您为什么要搬出来？

长期以来，我只有两种选择，要么住家里要么住养老院。通过在达姆斯塔特的自助组织，我知道了居住社区，并在马库斯论坛试住过三次。

是什么让您喜欢了这里？

我马上就爱上这里了，我喜欢这里的人和这个城市。我无论如何要搬到这里来。今天我比原来自立多了，我的家人也是这么说的。

您特别喜欢瑞士大院有照料居住的哪些方面？

我在这里非常自由，而在养老院里所有的时间都编排好的。同时一定要像健康人一样做事，比如自己洗衣服。

您每天是怎么过的？

8 点左右来一个护士，帮我穿衣服。大多数在房间里用早餐，因为公共活动室一早就很嘈杂了，我喜欢安静。接着会有许多活动，我会量力而行，参加一些有兴趣的活动，比如计算机组、祷告、戏剧班或者电影晚会。作业疗法或物理治疗对我也非常重要。12 点半我按时用午餐。有许多事情是临时发生的，因为在公共活动室里每天会遇到许多人。剩下的时间我会很休闲，比如看看足球比赛或者坐在计算机前写自传。

您有什么追求目标？

我希望过完全正常的生活。比如我很喜欢计算机组的工作。也许哪一天我可以在计算机上工作，做一些对其他人也有用的事。

英格和安内莉泽·戈梅尔

英格·戈梅尔的年龄看不出来。她应该有 63 岁了吧，可一点都不像。然而当你见到她母亲安内莉泽·戈梅尔时，你就能猜到良好基因的效果了。尽管 86 岁了，安内莉泽·戈梅尔仍像一根火线，喷发出热情。这两位看起来至少比实际年龄年轻 15 岁。她们当然乐意听这种恭维话。两年前，为了能够更多地照料她女儿的日常生活，安内莉泽·戈梅尔从埃森搬到了海德堡。

戈梅尔太太,您平时是如何帮助您女儿的?

我每天跟她在一起,因为我的住处距离多代共居屋只有 8 分钟路程。我们一起吃早饭,我帮着洗碗或者擦干。天好的时候我们在阳台上喝茶或者出去散步。

是什么原因让您在 2010 年决定从埃森搬到海德堡来的?

那年我的终身伴侣去世了,艾森的房子我一个人住太大了。于是我决定搬家。以前,我每年都来这里看望英格。那时我就看上多代共居屋了。我在这里一直觉得很舒适,并有一种受欢迎的感觉。当然主要是居住共同体非常重要。

您的表现好像证明您的决定是对的。

绝对正确!要是我一个人在家待着,我早就生病了。在海德堡我心情好,所以也就显得年轻多了,这对于我们这样年龄的人是很重要的。要是有一天我不如现在了,我也愿意住到多代共居屋里来。英戈·弗兰茨已经答应我,可以安排我在这里住。

您喜欢这里的什么?

宽容,这非常重要。即使不参加活动,心里也不会过意不去,因为没人会说什么。这样的日子就好过。此外,这里的人都欢迎我们。有的人现在已经叫我'妈妈'了,我好高兴啊。

她的女儿就坐在安妮莉泽·戈梅尔旁边,不断点头表示赞同。63 岁的她原来在柏林一家建筑事务所当秘书。1998 年在办公室上班时突发脑溢血,造成右半身不遂。她在心理上很快从这次命运打击中恢复过来。她妹妹把她接到了南方,在那里认识了英戈·弗兰茨。从 2007 年开始她住在多代共居屋里。

您今天的身体状况怎么样?

应该很好啊。右侧还有些麻痹现象,由于癫痫发作和在 2009 年一次手术后,语言障碍愈发严重了,过段时间我要去斯特拉斯堡做一次软木疗养。

您在瑞士大院两居室的公寓费用是怎么解决的?

我没有退休金,但可以得到护理 2 级服务。

您每天是怎么过的,您有爱好吗?

护理服务完了以后,我吃过早饭经常首先去做理疗,比如运动理疗或者去语言治疗师那里。午饭后我看书听音乐或者和多代共居屋的朋友去散步。晚上 6 点我只吃一片面包,就早早上床睡觉了。

您右半身不遂,这么说您是用左手画画了?

确实是。住过来以后,我已经举办了三次特邀来宾观摩。特棒。在公共活动室里还挂着我的几张水彩画呢。

有什么值得您二位回忆的轶闻趣事吗?

当英格第一次不坐轮椅,只用一根拐杖下楼去吃饭时,大家都鼓掌了。这让我们非常高兴,也给了我们许多生活勇气。 **♯**

》当英格第一次不坐轮椅而是借助手杖下楼吃饭时，所有人都鼓掌了。这让我们非常高兴，也给了我们许多生活勇气。《

安内莉泽·戈梅尔

安内莉泽和英格·戈梅尔在自家客厅里。

拜耳林一家

在多代共居屋的公共活动室里，放了许多册页。其中有一封册页上是一位年轻男子坐在钢琴边的照片。照片上写着：您在找一位钢琴师、朗诵者或者钢琴调音师吗？这就是约克－克里斯朵夫·拜耳林。他是一位音乐天才，听觉器官绝对好，从小就喜爱音乐。他现在的职业是钢琴调音师。1980 年代初他作为一名早产儿来到这个世界，患有脑积水。在他生命的第一年动了七次脑部手术。他的母亲伊索尔德·拜耳林讲述了居住社区对于他儿子生活的重要意义。

》我们就是喜欢这种没有偏见、珍爱生命的方式，在这里人人都受到热情对待。《

伊索德·拜耳林

摄影: Beyerlin

来自内卡尔格明德的拜耳林一家。
最右侧:
约克－克里斯朵夫·拜耳林。

您在教育您儿子方面把重点放在了哪里？

我们一直尝试着走包容性道路。所以他虽然学习能力受到限制，还是小学毕业了。之后他完成了在开姆尼茨钢琴调音师的培训。我们的目标是尽量发挥他的音乐天才，以便今后能够谋上一职。

他是不是做过钢琴调音师？

约克－克里斯朵夫在奥芬伯格的一家钢琴行里作为正式工工作过四年。后来这家小型家庭企业进行了改组，我们的儿子就不再适合在那里工作了。幸好，他从 2012 年开始在卡尔斯鲁厄作为钢琴调音师，每周工作两天。

您儿子在多大程度上需要帮助？

他需要一个助理，帮他组织工作，安排日程和制定工作方案。他可以自己料理日常生活，当然他需要有一个人帮他管钱。

您什么时候关注到居住社区的？

我们早就了解居住社区了。当约克－克里斯朵夫失去调音师的工作岗位后，我们找到英戈·弗兰茨寻求帮助。

您喜欢多代共居屋的哪些方面？

最妙的是，当你遇到困难时有人听，而且确实有人帮你。我们的长期目标是，让约克－克里斯朵夫有一天也能住进社区，这样他就不会感到孤单。目前他很愿意参与各种活动，比如如果有人邀请他，他就会一起去看电影看戏；但他自己是不会主动去问别人的。

您儿子已经认识瑞士大院里的人了吗？

哦，是的，他定期而且非常愿意参加合唱，参加"我和你"小组活动。此外，他和居住组 83 的年轻人还交上了朋友。

多代共居屋对于你们家意味着什么？

我们就是喜欢这种没有偏见、珍爱生命的方式，在那里人人都受到热情对待。我们想给儿子准备些什么，以便他今后能得到较好的照顾。在英戈·弗兰茨那里，我们找到了友善而又认真的辅导员。

尼古拉·戈尔纳

一欧元义工尼古拉·戈尔纳从 2011 年开始加入多代共居屋。她在大学学习了特殊教育学，目前正在找一份固定工作。在瑞士大院，她的任务主要是为一位需要重度护理的住户协调日程。此外她还在儿童组帮忙，处理一些办公室事务。戈尔纳工作日每天都在。

在瑞士大院多样性共同体的思想真的像外面说的那样充满生命力吗?

原则上说应该是的,因为任何细节都有人关注,比如住户有什么需求,如何把事情做得最合适。而且,多代共居屋是一个实实在在开放的场所,也允许任何形式的聚会。人人可以发挥他的才能。

是不是也有您认为不合适的地方?

迄今为止,虽然有许多好的主意,但有的时候落实比较难,缺少具体措施。这是目前这个项目在开放性方面还欠缺的。

您认为在哪些方面还需要加强?

新的结构需要长期铺垫,但是这方面还缺少组织基础。往往是没有时间来真正落实新的建议。完全包容还没有形成,但是多代共居屋已经走上了一条正确的道路。

您的长远目标是什么?

我愿意参加社会工作。最好是从事防止艾滋病的课题,因为我为艾滋病救助做了十年义工。

》迄今为止还没有实现完全包容，但是多代共居屋已经走在一条正确的道路上。《

尼古拉・戈尔纳

摄影：Judith Köhler

尼古拉・戈尔纳在为儿童组做记忆力手工。

罗伯特·维勒和加布里尔·弗兰克－维勒

罗伯特·维勒是一位厨师。在刚开始参加糕点师培训时，他被诊断出患有脑瘤。那是 2001 年。这位当时 20 岁的年轻人接受了手术治疗。手术损伤了他的激素腺、垂体和右视觉神经。罗伯特·维勒术后很难辨别方向，失去了许多记忆。在巴得特尔茨的康复治疗帮助这位来自海德堡的年轻人实现了生活自理，对此他的母亲一开始根本不敢相信。

》这是一种帮助自助。
比如，当你要切面包的时候，
我只给你把着盘子。《

罗伯特·维勒

罗伯特·维勒和他的母亲加布里尔·弗兰克－维勒。

罗伯特，在巴得特尔茨的康复治疗效果怎么样？

在那里我学会了独立生活。当诊断出脑瘤时，我才 20 岁。在巴得特尔茨教会了我日常生活的一切能力。

加布里尔·弗兰克－维勒点头确认：

"康复绝对重要。罗伯特必须自己洗衣服，购物和搞卫生。他甚至重新学会了骑自行车。通过巴得特尔茨医院我们也认识了英戈·弗兰茨。"

您今天在这里行吗？

很好。多代共居屋让我的生活井井有条。术后那段时间非常艰难。我几乎不再能够辨别方向，经常走迷了路，即使我离开住所只有两条马路。

您现在住在哪里？

电视塔旁边的小区，距离瑞士大院一步之遥。在居住社区的帮助下我在那里找到了一套一居室公寓。我奶奶在那里给我买下了永久居住权。

与多代共居屋的联系对您意味着什么？

我在这里找到了人，他们能够为我提供超出照料以外的前景。尽管对于我这种情况现在还没有费用补助的相关政策，但英戈·弗兰茨已经跟我说，我无论如何可以留下来。

您为什么在日常生活中还需要帮助？

我老爱忘事，必须在手机上登录日程，才能保证我确实吃了药。我母亲是我的健康理疗师。此外我还有一位护理员，她负责我的权利和财务管理。

您有什么长远目标？

我希望终有一天能够完全独立生活，自己管理自己的健康和业余时间。

她母亲对此有点怀疑，说：

"罗伯特还是需要一点帮助的。但是我知道他在这里过得很好，得到充满爱心的服务，所以我很高兴。"

最后一个问题：罗伯特，您最看上多代共居屋的哪些方面？

那就是帮助自助。比如当你要切面包片的时候，别人只要帮你把着盘子就行了。这对他来说就不仅仅是切面包的事了。这就是这里和许多其他残疾人救助点的差别所在。这里是助你所能，而不是为你做所有的事。这就是居住社区的核心思想。 ＃

马丁·弗罗因登斯泰因

弗伦斯堡人马丁·弗罗因登斯泰因 1990 年在海德堡认识了他的未婚妻，并决定搬到南方来。不久，这对夫妇有了四个孩子。这些仍不能阻挡弗罗因登斯泰因在完成远程通信技师培训后去基尔专科大学深造。他在那里学习通信工程，周末驱车回海德堡的家。来回奔波很吃力，但这种投入是值得的：弗罗因登斯泰因接着在曼海姆的西门子公司谋到了一个职位。然而时隔不久，一切都变了。

您的生活在什么时候发生了急剧变化的?

那是 1997 年。我 35 岁那年第一次犯了癫痫,被医院诊断出患了脑瘤,并很快动了手术。从此,我首先失去了语言能力,并右侧瘫痪。幸好我恢复很快并重新回到了工作岗位。作为通讯工程师,我的任务是给邮件加密。

五年后您又复发了?

是的。当时我在波恩动了两次手术。2002 年我和其他 8 名患者在海德堡成立了一个自助小组。

复发后您又去上班了吗?

是的,一直到 2004 年。后来我退休了,现在是护理 1 级。

您是怎么从工作生活转为提前退休生活的?

退休后我寻找适当的劳动。海德堡的自助办公室给我推荐了多代共居屋。头两年我在厨房帮着干活,很好。现在我在小餐厅帮忙,这更适合我。

您经常来瑞士大院吗?

小餐厅开门的时候我就来,也就是周二、周四和周六。我就帮着煮咖啡、端蛋糕和抹桌子。每个月我组织一次"马丁电影晚会"。我自己挑选影片。

工作对您意味着什么?

尽管有病还能做些有意义的事情,这使我很高兴。在多代共居屋里,我们每个人都不一样,各背各的包。

您的家庭是怎么对待您的病情的?

我夫人和我现在分居了,但是我们相互理解。我和我孩子也定期有联系。我现在住在电视塔旁边小区的一居室公寓里,离多代共居屋不远。

»在多代共居屋我们每个人都不一样，各背各的包。《

马丁·弗罗因登斯泰因

照片提供：Martin Freudenstein

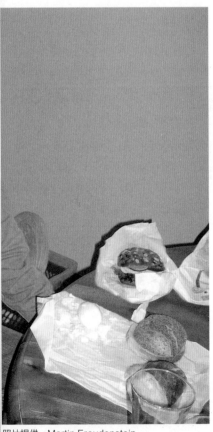

马丁·弗罗因登斯泰因在海德堡生活 20 多年了。

323

居住组 83

一个有照料的居住共同体

多代共居屋里的居住组 83 [42] 比较特殊。2010 年以来，在多代共居屋隔壁房子的一套宽敞四居室公寓里住了苏珊·本施和拉尔夫·玛祖迩，两人都是 28 岁，还有 33 岁的卡特琳娜·维克奥夫。这三人小学时候就认识，都有智障。瑞士大院那边给了许多帮助，所以她们基本能够自主生活。

她们的生活安排得井井有条，还和照料人员一起制定了采购和搞卫生计划。每周日总是在一起做饭。每周有一次和多代共居屋的照料人员开会商量居住组的事。每天都有人过来看看三人是不是都吃药了。每天上午卡特琳娜和苏珊去一家养老院工作。卡特琳娜在那里帮着洗碗，把桌布拿到大厨房里去，苏珊在厨房里帮忙，往壶里灌咖啡，分发早餐和午餐。拉尔夫·玛祖迩在海德堡－诺伊恩海姆的新鲜咖啡馆工作。2005 年开始，他在他叔叔家开的蛋糕店工作。

每天下午，居住组有人陪她们做练习，每周 2-3 次多代共居屋的员工过来教他们如何料理家务。居住组也组织开会，商量下一个周末的活动安排。周末会来一个付薪的帮工，陪三人去游泳，郊游或一起做饭。晚上，她们喜欢在一起看电视，主要是系列片和音乐节目。这样的生活毫不复杂又有效增进了社会共处。"八月我们在阳台上烧烤为苏珊过生日"，拉尔夫·玛祖迩说。他自言自语地说，在罗尔巴赫他像一条"五彩狗"一样出名，因为拉尔夫很会组织丰富多彩的业余生活。"我在残疾人救助协会踢足球 [43]，跳舞，唱歌，吹牛"，他叙述说。在居住组里，他也喜欢和他的爱人和室友苏珊一起唱歌跳舞。苏珊喜欢爵士舞，每周还去一次'蜈蚣'组。

卡特琳娜·维克奥夫也不会抱怨缺少业余活动。33 岁的她每周一总是去合唱和戏剧组，每周五跑步，然后去看她的父母。当独生女回家时，她的母亲玛丽亚·维克奥夫会兴奋不已，尽管是她自己在 2010 年促成卡特琳娜搬出去住的。"必须让卡特琳娜搬出去住"，她说。在教育问题上，她和她的男人早就想好了，她的女儿应该尽可能像正常人一样成长。别的父母可能会紧张，问自己，孩子这么大了是不

邻里居住组将许多好心情和忠实的志愿者服务带到了共居屋。邻里关系有着许多双赢的效果。

324

... 从瑞士大院得到了许多帮助。她们可以基本能够自力更生的生活...

是就不应该尿裤了，或者为什么还不能跑呢。"我们一直很放松，因为这对于我们是小事一桩"，玛丽亚·维克奥夫说。相反，她们放手让女儿慢慢成长。"比如，卡特琳娜花了五年时间才学会了骑自行车。当这一刻到来时我们高兴地跳了起来"，她回忆说。这位 60 岁的母亲和她的男人在 1980 年代就组织了父母运动，认识了许多同样处境的父母。"我们和卡特琳娜的生活经历是如此美妙，我们因此认识了这么多人，没有她我们或许和那些人永远也走不到一起，其中也包括拉尔夫·玛祖迩的父母"，维克奥夫叙述说。医生对卡特琳娜的病情从来没有过明确诊断。到后来他们自己也觉得没那么重要了，因为他们已经接受了现在的女儿。父母运动也把维克奥夫一家带到了位于罗尔巴赫的多代共居屋，因为这里每个月举行一次包容组会议。今天卡特琳娜住在瑞士大院，对她母亲来说又是一个里程碑，尽管说服卡特琳娜走这一步并非易事。"我试图让她明白，是时候该搬出去住了，倒不是因为她有了一个伙伴或者是其他原因。我跟她

说'你看看周围，有谁 30 岁了还住在家里？'"，她叙述说。还真见效了。

在流动居住照料负责人和 Habito 联合会总经理艾米纳·耶尔德林的帮助下，她们克服了重重官僚障碍，终于落实了搬家的事。真的很棒，玛丽亚·维克奥夫叙述说。公寓确定下来以后，又要去选择家具。当生平第一次必须自己签字时，卡特琳娜的眼里发出了光芒，她终于同意搬出去住了。"现在，她走自己的路，比以前自立多了，这一切非常好。如果她不愿意到我们家来跑步，那么估计她周五就不会来了"，玛丽亚·维克奥夫解释说，并微笑着补充道："这还让我们有点不习惯呢！"尽管搬家对于整个家庭是很好的时机，而且大家也一致同意，但对于一个母亲而言真是一个艰难的时刻：在民政局给卡特琳娜换发的护照上突然出现了新的地址，搬家的事就这样被官方确认了。尽管那一刻心里很难受，但玛丽亚·维克奥夫为她的女儿开始了新生活而高兴。"卡特琳娜非常享受集体生活。她离开了小家庭，却有了一个大家庭。她可以一个人待在自己房间里，

》和在家里一样，
人们试图让每个人
都各得其所。《

费利克斯·克诺德尔

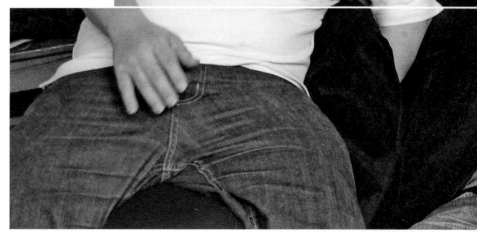

摄影：Judith Köhler

居住组 83 在他们的客厅里，
从左到右：
拉尔夫·玛祖迩
苏珊·本施
护理员费利克斯·克诺德尔
卡特琳娜·维克奥夫和
社会教育学家
加布里尔·施塔姆。

摄影：Judith Köhler

也可以和居住组的三个人在一起，或者在瑞士大院的公共活动室跟许多人在一起。这对她是再好不过了”，维克奥夫强调说。

费利克斯·克内德尔几乎每天都要进出居住组。这位 26 岁的年轻人在多代共居屋结束了成为康复教育理疗师的职业实践。从 2011 年开始，他成为三个住户的护理员，他喜欢这份工作。"作为未来的康复教育理疗师，我的任务是在日常生活中陪伴有肢体障碍、心理障碍或精神障碍的人"，他解释他将从事的职业。他特别喜欢多代共居屋保护住户个人需求的尝试，他

说。遇到居住组 83 的事，他常常会跟他父母说。多交流是非常重要的。

此外，费利克斯·克诺德尔还注意在多代共居屋营造良好的气氛。他为需要帮助的人提供方便，到了饭点看看是否所有人都来齐了，他和住户一起散步，参加各种活动。在瑞士大院的特殊之处主要在于人员的多样性。"最初几天和几周，我根本分不出谁是住户，谁是工作人员，因为他们都融合在了一起"，他解释说。虽然许多安排到跟前才知道，觉得有些可惜，但即使这样也照样有吸引力。"你必须随机应变，始终和大家心往一处想"，他说。

苏珊·本施和拉尔夫·玛祖迩很愿意给来访者表演舞蹈和唱歌。和卡特琳娜一起，她们从 2010 年开始生活在多代共居屋的一个居住组里。

》卡特琳娜非常享受这里的集体生活。离开了小家庭，却有了一个大家庭。她可以一个人待在自己的房间里，也可以和居住组的三个人在一起或者在瑞士大院的公共活动室和许多人在一起。这一切对她是再好不过的了《

玛丽亚·维克奥夫

4月10日，卡特琳娜·维克奥夫在多代共居屋的公共活动室庆祝她的33岁生日。站在她右边的是她母亲玛丽亚。

摄影：Judith Köhler

政策立场

多代共居屋 —— 一个供社会学习的场所

1990 年中期以来，教会居住社区成为海德堡社会政策部门需要严肃对待的合作伙伴。"如果我们不相信居住社区，就肯定不会从一开始就给联合会提供如此深入的咨询"，沃尔夫冈·赖因哈特说，他是社会和老年人局的局长。英戈·弗兰茨当时去找他，希望社会和老年人局能够支持联合会的工作，因为联合会正在组织邻里网络，并为需要帮助的人群在市区的一些公寓提供住所。"英戈·弗兰茨的这个想法打动了我的心。但是志愿活动总有时间和能力上的限制，因为居住社区发展越多，开支就越大，越需要专业帮助"，赖因哈特解释说。社会和老年人局劝联合会采用服务商的模式开展工作，并建立与此相适应的管理构架。只有这样才能使联合会的业务纳入政府资助的管道。"有些人有顾虑是正常的，但我们支持这种创意，因为这些创意正越来越多地变为现实"，赖因哈特继续说。现在，居住社区已经发展成为帮助困难群体回归社会的不可或缺的组成部分。"今天，联合会已经建立了可信的财务制度，能够可靠地落实制定的计划。它也不再依靠偶然的政治多数票的恩典"，这位海德堡的局长总结说。

然而，尽管联合会今天已经站稳脚跟，创意者仍需下功夫建立广泛的政治基础，造访所有党派。比如，联合会走访了海德堡－曼海姆选区的社民党国会议员洛塔尔·宾丁。1990 年代中以来，宾丁和英戈·弗兰茨保持着定期联系。宾丁每年有两到三次参加联合会组织的文化活动。"今天人们常说网络，尽管其定义是相当宽泛的。但是，居住社区却给了这个经常被滥用的词汇以生命"，宾丁说。通过定期组织的开放式欢庆活动，海德堡多代共居屋现在不仅在市里很有名，也得到了公认。这也得益于它的与众不同，多代共居屋始终尝试与政府保持联系。"这种做法获得了成功，以至于时任联邦家庭部长的乌苏拉·冯德莱茵亲自出席了多代共居屋的揭幕仪式"，宾丁解释说。这位社民党联邦议员同时也承认，他开始时有点怀疑，居住社区能否把它们巨大的努力坚持下去。这个念想很快就烟消云散了，因为联合

»联合会证明了，残疾人也可以得到巡回帮助，以前却总认为这些人只有住进护理院才能得到服务《

沃尔夫冈·赖因哈特

会的工作很有系统性也很专业。它承担了全部社会功能，以良好的人脉达到了城市级社团的水平。在此过程中，不断有许多新的思想融汇进来，居住社区也始终以开放式态度倾听新的建议和忠告。所以好的想法能够很快得到落实，从而使政府也能轻松地参与居住社区组织的活动。和赖因哈特一样，宾丁对多代共居屋的社会影响力也给予了高度评价。"这都是因为'不感到孤独'或好感等此类无法定量的因素起了作用。像家一样的温暖是整个事物的核心，那些一开始和居住社区不相干的人也能感觉得到"，宾丁解释说。沃尔夫冈·赖因哈特也有相同的看法。对他而言，多代共居屋之所以起到了重要的社会角色，是因为不仅不同年龄的人群得到了照应，而且它也为需要和不需要社会帮助人群提供了聚会场所。"展望全国各地的多代共居屋，海德堡的多代共居屋可算是一枝独秀"，他说。而且，海德堡的居住社区对联合国残疾人公约的签订起到了破冰船的作用。"联合会证明了，残疾人也可以得到巡回帮助，以前却总

认为这类人只有住进护理院才能获得帮助"，赖因哈特解释说。所以，居住社区对于海德堡这座社会城市具有巨大的意义。

然而，尽管联合会目前在财务和组织机构上比较稳定，教会居住社区未来仍将面临各种挑战。沃尔夫冈·赖因哈特和洛塔尔·宾丁认为，联合会最大的任务是如何继续稳定发展。"未来的发展取决于是否能够找到更多的房地产投资商和出租人，来支持联合会的思想"，赖因哈特说。

洛塔尔·宾丁同样认为，居住社区未来的发展目标应该在于继续推广这种思想，在落实过程中"达到一定的覆盖面"[44]。"只有在城市和农村出现越来越多的这种群落生境，才能说这是一项好政策"，他说。诚然，对联合会不能过分苛求，而是应该让他们获得城市政策的再保险。"在多代共居屋行动计划结束后，已经建立的组织结构应该保留下来，因为实践证明它是成功的"，宾丁强调说。

数据、数字和事实

1989 年夏	英戈·弗兰茨在一个社会实践项目中负责照料一个深度昏迷的女病人
1989 年底	英戈·弗兰茨和他的同伴搬到弗赖堡－霍赫多夫
1990 年 2 月	"教会居住社区"联合会在弗赖堡成立
1994 年	英戈·弗兰茨搬到海德堡，在那里认识了他的同伴尼古拉斯·阿尔布莱希特－宾得塞尔
1995 年	在海德堡－贝格海姆租用了一套两居室公寓作为联合会的根据地
1997–1998 年	与房地产投资商罗兰特·恩斯特合作
1998 年	在城南租了一栋牧师的房子－成立了联合会的第一个中心
从 2000 年起	隔壁的社区中心被经常利用
从 2004 年起	建设管理结构,成立海德堡 NeuroKom 公益责任有限公司（日托所）和 Habito 联合会（巡回居住照料）
2004 年 2 月	购买位于海德堡－鲁尔巴赫的一家老饭店瑞士大院
2005–2007 年	改造瑞士大院,并新建和开发了一个开放式聚会中心:有照料的居住
2006 年秋	申请作为多代共居屋
2007 年	官方承认的多代共居屋落成典礼,第一批客户入住 获得政府资助:从 2007 年到 2011 年底联邦政府每年提供约 4 万欧元补助
2009 年 3 月	联合国残疾人公约在德国生效;联邦总统霍斯特·克勒授予英戈·弗兰茨十字勋章,表彰他为"教会居住社区联合会"所作出的贡献。
2010 年	成立创新咨询公司,为开发包容性社区服务
2012 年 1 月	多代共居屋后续项目 获得政府支持:联邦政府补贴 3 万欧元,地方政府补贴 1 万欧元

海德堡

■ 约 1000m² 使用面积，其中 250m² 为公共空间

■ 剩余 750m² 为私人公寓

■ 在附近有许多加盟公寓

■ Habito 联合会是治疗教育护理员的培训机构

■ 多代共居屋提供早中午三顿热餐，白天组织各种兴趣小组活动

■ 照料
  • 早班　　8：30 – 16：30
  • 晚班　　13：30 – 21：30
  • 夜班　　21：30 – 8：30

事实

多代共居屋资金来源

■ 从 GLS 银行（德国道德银行）贷款：　　80 万欧元

■ 获得"人类行动组织"补助金：　　35 万欧元

■ 教区建筑基金（贷款）：　　40 万欧元

■ 迪特马尔·霍普基金会（补助金）：　　14 万欧元

■ 私人捐赠和贷款，租金借贷，居住权：　　约占总金额的 50%

多代共居屋行动计划 I

- 2006 年联邦政府启动行动计划

- 多代共居屋的目的是恢复以前的大家庭原则
  - "在多代共居屋里激活不同年龄人群之间的自主给予和接受行为。年轻人和老年人在邻里中心相聚,从各自的强项、经验和兴趣中互相获益。"
    资料来源:http://mehrgenerationenhaeuser.de/aktionsprogramm [2012.06.06]。

- 整个德国一共资助了 500 个项目

- 从 2007 年到 2011 年底,为海德堡多代共居屋项目提供的联邦资助经费共计约 4 万欧元

多代共居屋行动计划 II

- 多代共居屋后续项目于 2011 年招标,"这是为了继续推动这项富有成效的工作,将这种机构可持续地融入地方基础设施建设中去。"450 个多代共居屋参与了后续项目。这个项目从 2012 年开始到 2014 年底结束。

- 除了第一期行动计划的内容重点"贴近家庭的服务"和"志愿者行动"外,后续项目也开辟了新的课题,比如"老年人与护理"和"包容与教育"。

- 和其他参与项目的多代共居屋一样,教会居住社区从联邦和地方政府分别获得 3 万欧元和 1 万欧元补助。

- http://www.bmfsfj.de/BMFSFJ/Freiwilliges-Engagement/ mehrgenerationenh aeuser,did=69144.html [2012.07.09]

联系方式

教会居住社区联合会 / 海德堡多代共居屋

Heinrich Fuchs Str.85

69126 Heidelberg

Tel.: 06221/33758-0

Fax: 06221/33758-18

E-Mail: info@hausgemeinschaften.de

www.hausgemeinschaften.de

海德堡社会和老年人局

Fischmarkt 2

69117 Heidelberg

Tel.: 06221/58-37000/58-37010 und 58-38000

Fax: 06221/58-38900

E-Mail: sozialamt@heidelberg.de

http: //www.heidelberg.de/servlet/PB/menu/1088612/index.html

多代共居屋行动计划

联邦家庭、老年人、妇女和青年部

Glinkastraße 24

11018 Berlin

Tel.: 0180/1907050（3，9 Cent/Min.aus dem dt.Festnetz，max.42 Cent/

Min.aus den Mobilfunknetzen）

Fax: 030/18555-4400

Servicehotline: 0221/3673-4045（Zum Ortstarif）

Email: info@bmfsfjservice.bund.de

http: //mehrgenerationenhaeuser.de/

创新咨询协会

项目开发咨询

Dr.Nicolas Albrecht-Bindseil

Felix-Wankel-Straße 1

69126 Heidelberg

Tel.: 06221/353906-1

Fax: 06221/353906-8

E-Mail: albrecht-bindseil@innovatio-beratung.de

www.innovatio-beratung.de

附注

32　卡蒂马维克是一个残疾青年、年轻成人的志愿者项目，为参与者参加服务于边缘人群的各种项目提供机会。这个与伙伴组织合作的项目目的是识别每个个体的需求，学会尊重。资料来源：http：//www.katimavik.org/[2012.05.08]

33　DLS 银行（属于道德银行）具有人智学背景，主要为 Dementer-Hoefe（有机食品）、瓦尔多夫学校和蒙特梭利学校提供支持。2003 年 DLS 银行接管了生态银行的银行业务。银行和客户的共同目标是把钱用在有意义的地方。

http：//www.gls.de/metaseiten/haeufige-fragen/fragen-zur-gls-bank-und-ihrer-arbeits- weise/ist-die-gls-bank-eine-anthroposophische-bank/[2012.05.14]

34　多代共居屋的资金组成如下：DLS 银行 80 万欧元；人类行动 35 万欧元；教区 40 万欧元（贷款）；Dietmar Hopp 基金会 14 万欧元；剩余 50% 来自私人捐赠和借贷、房租借贷和居住权。

35　在此期间（2007 年）人类行动针对目标群体的资助准则作了修订，更多的是遵循社会空间共享和包容的主导思想。

36　公共活动空间，边上新建筑内的托儿所和老楼底层的教堂。

37　联邦政府 2006 年实施的多代共居屋行动计划的核心是大力促进不同年龄人群的共处。主要目的是建设一个贴近家庭的邻里服务网络。在全德国约有 500 个多代共居屋。

http：//mehrgenerationenhaeuser.de/aktionsprogramm

38　从 2012 年 1 月 1 日开始，教区居住社区属于后续项目，持续 3 年。据英戈·弗兰茨介绍，资金组成有所变化。联邦政府只支付 3 万欧元，地方政府提供 1 万欧元。

39　Aichele Valentin（2010）：残疾和人权：联合国残疾人公约。政策和当代史，2012 年第 23 期，第 13-19 页。

40　增长、教育、凝聚力。基督教民主联盟、基督教社会联盟和自由民主党－第 17 届政府周期联合执政协议，2009，第 83/132 页。

41　时间：2012 年 7 月。

42　居住社区在多代共居屋隔壁的房子里办公，位于 Heinrich-Fuchs 街 83 号，所以也叫做居住组 83.

43　位置：进攻中场。

44　面对人口老龄化背景下所产生的整个社会发展的紧迫问题，尼古拉斯·阿尔布莱希特 – 宾得塞尔和迪克·瓦丽舍一起成立了创新咨询协会。和建筑师事务所和房地产开发商一起，他们目前开发并实现了充满生机的城市社区方案。这种方案依照社会 – 生态可持续性原则。2012 年以来和弗赖堡建筑师沃尔夫冈·弗莱一起开发的所谓"海德堡模式"，也已经在位于美因河畔法兰克福的德意志建筑博物馆有相关介绍。

基本要素

新型养老护理建筑模式

在人口老龄化和社会变革进程中，社会服务能力将成为未来数十年社会政策辩论的重要话题。

我们是否有勇气把我们的孩子带到这个世界，我们是否确信一个人老了将会得到照料？这些问题困扰着许多人，人口老龄化和社会变革将使我们面临尚不可知的各种挑战。在一个日益个性化的世界里，下一代人的社会团结和邻里互助将日益衰落。我们虽然已经认识到了挑战，但尚未寻找到答案，而这些答案将决定我们是否有勇气要孩子，是否对养老护理充满信心。对于儿童的抚养和教育，似乎有相应的政策措施；而在老年人关怀和照料方面的政策却不尽人意，尽管大家一致认为，迄今的答案还不足以支撑未来发展的需要。

关怀和照料是一个文化问题，它需要一个强大文明社会的支撑。对脆弱人群给予符合人类尊严的最基本尊重，其核心是对一个长寿社会的文化挑战。所以，"护理和关怀"需要一个强大的文明社会，敢于直面问题，就

地落实项目，需要政府配套相关政策，保证社会参与。

* * *

如果我们想要知道怎样生活如何居住，或者希望得到他人的关怀，我们可以问亲戚和熟人。但是，许多生活经验并不那么简单，比如如何帮助一个人让他没有痛苦地走完人生，再比如当一个人必须告别他所热爱的生活习惯，而须在新的环境中去适应新的游戏规则，应该怎样做。

即使现在还没有轮到我们自己，即使我们对自己以后可能求助社会的理解还在遥远的未来飘忽，我们还是应该明白，我被迫求助的几率是很高的。家庭帮助是最常见的关怀形式。但是，这种帮助的能力正日益减退。在不断增加的单身人群那里，家庭已经不存在了。

故此，我们必须考虑新的居住方式。生活正在分裂：居住、工作、业余生活和聚会这种生存状态发生在不同地点，表现为不同的生活"模式"。

英语中的"living"没有区分生活

> **我们感兴趣的问题是，什么条件使这些设施成为可能并取得了成功。** <

和居住。"在家"表达了上面的两种含义。但是，住在护理院里可以说在家吗？那个在家的地方需要什么，才能真正成为在家呢？

对于老年人或者需要护理的人群，我为人人人为我的意义日益重要。我还有用，恰恰是在劳动世界以外的一个决定性因素，它可以让人感觉到自己的生命是有价值有意义的。每个人都有个性，有强项也有弱点。而且每个人都能为别人做点什么，即使只是小事。当许多人在护理院里抱怨被掏空了灵魂似的无聊时，另一种居住和生活形态却能让每个人为别人做点什么，使他们在别人眼里还有或将有存在的价值。

* * *

过去几年里，我们陪伴了数十个项目组，帮助他们在一个城市建立居住组或者一种包容居住模式，以此为老年人提供服务。感兴趣的人满腔热情，积极参与，尤其是当本人牵涉其中时，就会更加认识到未雨绸缪的必要性。常规养老院服务大多不能满足需求，一些大型养老院的服务丧失个性，自作主张，住户也必须搬离熟悉的生活环境而被掏空灵魂，以致一般人都不喜欢。所以，我们希望通过我们的努力，让住户在小一些的邻里关系和个性环境里，以最大可能的自立方式生活。

许多创意的动机尽管是自然而合理的，却难以变为现实。这是因为所有的团队都要面对诸多障碍和错综复杂的问题。他们很少能够获得援助，还被一些已经站稳脚跟的机构视为竞争对手。开发一种生活空间和居住模式需要勇气，需要许多人在技术、方案和法律方面帮助你。犯下的错误可能会很快导致失败。只可惜一些创意者在规划阶段极少认识到操作过程的复杂性。

* * *

我们在本书介绍的为需要护理人员提供服务的四个居住项目，提出了共同性和差异性方面的问题。这四种模式是相互独立发展起来的，经过多年努力站稳了脚跟。在诞生过程中它们互相并不知道。我们感兴趣的是什么条件帮助这些模式成为可能并取得了成功，这种模式是否有套路或成功的秘诀？

居住和生活项目走向成功之路的核心是：有哪些能让这类项目成功的基本要素——在开发阶段、实施阶段和运营阶段。如此看来，下面介绍的 16 个基本要素所针对的问题不是孤立的，而是相辅相成的复杂系统，它们是构成我们生活空间的宽泛而又具体的硬件和软件。

基本要素 1

社会话语

关爱和照料必须更多地成为公众话题。目前，对护理院的丑闻无人问责，对于加强公众监督和总结整理成功经验的事宜亦无人问津。整个社会和地方政府应该将下面的题目提到议事日程上来：我们应该如何互相关怀，在自主性和脆弱性受到限制的条件下怎样才能使一个生命获得成功？"护理"这个话题每天困扰着数百万德国民众。有人说这是私人的事，有人认为这完全属于护理保险或养老护理院的责任。这是不对的。"未雨绸缪"是一个需要公开讨论的题目。我们必须重新讨论团结和正义问题，为良好关怀创造更多路径，寻找能够激发自信的答案。只有公众参与这些问题的讨论，才能唤醒各类参与者的创新意愿，为需要护理人员开发新型居住和生活空间创造条件。

基本要素 2

辅助性

一些创意团队或乡村经常满怀信心地问我们，他们是否也可以做一个包容性居住项目。许多人常常会内心期盼，"投资商"会来的，一切都会按照我们的意愿来做。对于自己能行、行动者有能力自主实现计划的认识不是与生俱来的。这也符合德国社会法中的辅助性原则。这项基本原则强调，不允许剥夺一个个体自己愿意并有能力完成的事情，而将此分派给社会来完成。社会哲学家内尔·布鲁伊宁也认为，如果上级组织越俎代庖，包揽了基层社区自己能做并能达到良好结果的工作，那就是有失公正。这项古老的基本法则现在有了新的诠释。一个国家仅靠上层官僚和严格管控，是无法完成国家社会义务的。辅助意味着提供真正有益的帮助，也就是帮助一个人提升实现自主生活的能力。在我们能够并非无条件地依靠家庭服务能力的时期，在我们的社会机体需要一种新的结构的时期，特别需要国家承担前期投入的义务，来创造有利于本地组织互助、发挥自助潜力和保障社会分享的前提和框架条件。关怀和护理是一个需要广大社会参与的话题。关怀和护理需要一种共建公共空间的政策。民众参与政策是民主的最佳表达，是一种生活形态。本书的所有例子均表明：这些努力不是为了向客户提供服务，不是为了保障"需要护理人员"的生活质量，而是为了践行以人为本的原则。辅助性帮助应该以鼓励公民积极参与政治为目的。这里涉及人的尊严，地方团体和家庭的尊严，他们不应该是社会再分配和帮困服务的接受者，而应该是公平正义的自主行动者。新型养老护理建筑模式正是严格地建立在辅助性原则之上的。

基本要素 3

护理市场和法律框架条件

护理市场上有多种多样的服务和设施，为老年人关怀和护理作出了重要贡献。但是市场不能把控未来的全部挑战。尤其是当市场日益朝着仅以盈利为目的的方向发展时，为需要护理人群提供住房服务的亲民行为将沦为次要地位，而技术政治将占据主导地位。公开讨论中几乎只谈护理院，而且是越大越好。按照预先设定的程式迅速处理医疗需求；按照企业经营要求制定运行程序，认为只有这样才能优化家政服务，符合相关的护理规定。"硬指标"如"吃饱和清洁"可以衡量，也可以管控。事实上，许多护理机构也就将此作为定义公式来利用和追求。按照护理、投资和旅馆费用分解收费标准，使之能够进入优化企业经营的结算系统。按照护理等级，德国养老院的月收费为每人 2500~4000 欧元，这些费用由护理保险和住户承担。养老和立法机构结成了邪恶同盟：由于害怕在公开讨论中受到质疑，养老院监事会、卫生局和建设主管当局这些公共机构与州政府联合起来，制定标准和相关规定，以期防止在需要护理人群的住房供应方面犯错误。于是，主管当局这种害怕"不能管控"的严重错误心理，被护理工业利用来追求最大营业额。对养老院的开饭时间和次数、人体护理的方法、清洁卫生的时间和做法此类规定，比核电站的运行规定还要多。我们可以扪心自问，你愿意在如此严格管控的世界里生活吗？更有意思的问题是：我们是不是应该关心企业经营是否能够优化，还是我们要问这些收费是否有必要？最关键的是，我们正在自觉和不知不觉地去接受这些事先设定好的服务，不就是因为我们已经支付了护理包干费用么？问题不在于清洁服务是否有人检查，是否可以通过谈判降低收费标准，而是那个昨天还至少能够部分打扫自己房间的人，一住进护理院就再也不允许叠一下自己的被子或者掸一下灰尘了！我们是不是真的希望，从住进护理院的那天起，就不再被允许自己煮一杯早餐咖啡了？或者说，难道这种煮早餐咖啡的行为不属于体现生活质量的内容吗？为全方位服务护理院提供资助的当局不必害怕公众批评，你们颁布的规定不是以保护病人为目的的吗？护理机构打着所谓关怀的旗号，可以给自己开一份护理全权证书，当费用因此而上涨时，护理工业的涨价要求就变得合法了。这种全方位服务导致营业额增加，是必然的结果，而且这样做还不会使护理机构遭受诟病，因为他们只是照章办事啊。然而，这样做对人合理吗，能够满足他们的需要吗？况且，各个州的政策是不一样的：例如，汉堡、北莱茵威斯特法伦或莱茵兰－布法尔兹州制定了良好的条例，而巴登符腾堡州政府则打算在目前费用基础上再增加一倍，并且还借着保护需要护理人群利益的名义，打算严格限制其他的护理方式。如果我们想要提供新的居住和生活模式，来提高住户的生活质量，我们也只能在现存的法律框架内开展工作。在此过程中，我们还要设法去说服护理院监事会、卫生局、建设主管部门和其他审批监督部门，让他们接受新的模式。弗赖堡的模式，也就是埃希斯特腾的模式取得了成功。上面介绍的海德堡多代共居屋也是一个很好的例子。这里应该以全新的方式来定位市政府的角色。

基本要素 4

城镇成为关爱社区

对他人的日常关怀，为家属、邻居和身边的男男女女承担责任，这些事每天发生在我们身边。我们关心社会，体验友情，照料着日常生活，给人以关爱。组织良好的服务、为本地人群需要量身定制基础设施、建设互相关怀的社会结构，是实现关爱社区的基本要素。需要加强地方政府承担这些任务的能力，并将"关怀和护理"列入政府的议事日程。许多政府代表现在还总认为，脆弱的自组织长久不了，至少没有长期的耐受力。比之于市民发起的邻里组织，他们更相信商业人士，认为他们有"可靠"的营运结构。心态是需要慢慢培养的，公共机构的代表是这个过程的关键。在这个基础上，城市和乡村应该进一步加强市民的自组织，以促进和保护关爱共同体。政府应该未雨绸缪，认真研究关怀和护理这个题目，为居住小区、乡村和城市的繁荣和发展创造条件。本书的例子生动地描绘了政府与市民开展富有成效合作的经验。

基本要素 5

社会结构

当一个人由于年龄原因而必须离家出走时，这就意味着他将失去自己的家园，失去他赖以生存的社会环境。他周边有一群境况相似的同龄人。在搬到一个远离家乡，不能走路去而只能坐车去的地方以后，和这些人的联系就中断了。在丧失了互帮互助的邻里关系以后，孤独感便接踵而来。随着身体机能的逐渐减退，社会生活日益受到限制。分散式小房间结构则可以模仿先前的生活环境，增进人员之间的交流，因为咫尺距离便于互访。有了这种生动的接触，便会逐渐滋生出做义工的冲动。

基本要素 6

　市民行动，义工，邻里互助

　工作以外的生活是丰富多彩的。说一千道一万，关键还是在于人与人之间的交往。在充满浓厚私人气息的居住小组里，某个人有什么需要很快就会有人帮忙，这会诱使你去走访你的熟人和老朋友。愿意从事义工或民间帮工的人，也能够比较容易地融入这种邻里环境。比如，当我的邻居需要照顾，而我可以每周去一次帮她的时候，对我对她都会觉得很合适。需要帮助的人群在打理他们自己的日常生活时，责任和可信度是十分重要的。

　当人们充满热情地去做义工时，心里想的肯定不是什么无私奉献或者必须去做利他的事。当然，不能排除热心公益和利己思想的存在。只是必须分清，什么是无偿援助，什么是有偿服务？把定期家政服务作为一项小的副业，是毫无问题的。这样做，提供服务的人有点小收入，却又可以把受帮助的人从单纯的感恩角色中解脱出来，你的责任性也得到了赞赏。但是，这种情况就不属于真正意义上的义工了。因每个人的能力和生活状况而异，为他人提供帮助的方式和能够与他们相处的时间也是千差万别的。

基本要素 8

医疗服务和人文关怀

如果由于法律原因，护理院的钥匙必须由经过医疗培训的专业人员来管控，那么对许多人来说，医疗服务在平时其实并不那么重要，他们可能只需要有个联系人，以便在有事的时候可以找他而已。恰好是那些必须与失智疾病抗争的人，他们需要一个信得过的人，一个能在日常生活中给予他们关爱、帮助他们解决一些困难的人，一个"动手做事的人"。家政质量将日益重要，而医疗服务则完全可以像"对待正常人"那样，委托外部机构来完成。在传统护理院，医疗服务被排在了首位，准备了一帮人，为了保证质量而高度关注医疗和护理服务。而诸如和住户随便聊聊天这样的事，在雇用的医护人员眼里，被看作是与集中精力完成医疗工作的宗旨相违背的。当许多护理院的住户因孤独和缺少"我生有用"的感觉而痛苦、与人交谈的渴望与日俱增的时候，护理人员却觉得此类事情会阻碍他们的正常工作。只有当住户确实需要医疗服务时，护理员便会责无旁贷地给予全身心的关注。于是，一种奇怪的条件反射便产生了：病人会无意识地增加他们对护理的需求，而他们这样做的真正目的是期盼有人能够来关心他一下。

基本要素 7

智慧的福利组合

对于护理挑战的答案就在家庭、公益组织和市民团体、市场和国家的互动过程中。城市规划师、建筑师、企业、市长、社团、护理医疗专业机构和社会工作者应该携起手来，因地制宜地制定解决老龄化问题的对策。通过帮困组合措施，保证良好的护理和社会参与，从而在经济、专业和文化的角度给出解决老龄化问题的答案。有足够的智慧合作案例给人以勇气，激励人们探索新的方向，并告诉大家，一种智慧福利组合是如何发挥作用的。

基本要素 9

质量保证

对于传统护理院的护理服务，需要一个福利主管部门来保证生活不能自理的人能够有尊严地生活，因为失智病人已经无法自主决定个人事务，必须依靠这类帮助。于是就有了护理院监事会和护理立法。其实市民参与和邻里互助特别重要，因为定期前来提供志愿服务的人，他们的感知是敏锐的。作为志愿者，他们会自觉关注护理质量。护理单位的规模对于质量保证有重要影响：没有人愿意坐在一个没有人情味的超大食堂里吃饭。只有在家里才会感到舒服。并且在家就应该有在自己家的感觉。即使不能再待在自己的家里，人还是希望他的居所具有自己家的特征。这就必须控制生活社区的绝对规模。小规模的居住组可以营造家庭气氛，即使是专业化管理的护理居住组也理应如此。

基本要素 10

项目思路

必须根据住户的未来需求，制定清晰透明的项目思路，既可信又能自圆其说。项目思路的文字表述应该细腻而又通俗易懂。包容性居住模式本身是很复杂的。相比之下，老年公寓、大学生公寓或者残疾人公寓是一种单维度结构，所以比较容易归类。包容性居住项目因为它的多样性而富有吸引力。然而，它的复杂性有时也会成为一种障碍，给赢得志同道合者共同参与项目带来困难。为了解释清楚这种差异性结构，项目思路的描述需要有清晰的轮廓，并借助诸如图片、模型或者影像等宣传资料，帮助潜在的合作伙伴更好地认同你的项目思想。

基本要素 11

项目主体模式或合作形式

不论采用何种机构形式，比如联合会、责任有限公司或者合作社，均可由多个行为主体联合组建项目公司。这种商业管理公司是经营主体，也可以是不动产的产权人。通过将责任转移给由多人承担的项目公司，而不是由某个个人承担，是对未来的一种保障。之所以这种结构意义特殊，是因为如果居住项目因个人原因而被突然停止的话，住户的生存将受到威胁。脆弱人群需要有长期的居住稳定性。合作形式采用责任分摊原则，并以法人的良好协调合作为基础：合伙人可以是出租人、创意团队、市民联合会、护理机构、辅助服务机构或委托人联合体。弗赖堡模式中的埃希斯特腾村阿德勒加藤或者在奥斯特菲尔登的希望之光项目就是采用这种模式。

基本要素 12

建设费用融资

项目公司（无论是采用联合会、责任有限公司或者合作社的形式）是公正注册的业主，有时候还是不动产的建设单位。购买或建造不动产的费用来自银行，从租金收入获得再融资。根据现行投融资规定，银行贷款额度小于100% 的建设费用，就意味着项目公司必须投入自有资金。筹集自有资金有几种渠道，一种是通过向身边的人直接借款并支付常规利息，另一种是将产权房出售，再通过使用权协议反租回来，并支付商定的使用费。

基本要素 13

投资商

在一种居住模式的方案设计阶段，就希望能落实一个投资商，期望从他那里获取必要的资金，否则就只能纸上谈兵。此时，有一点容易被忽略，那就是居住建筑的使用理所当然是可以获得租金回报的，也就是说建设费用是可以通过这种方式实现再融资的。如果建设费用与租金收益预期比例适当，还可以从银行获取贷款。尽管如此，还是希望在建设和营运阶段能够获得广大民众的支持。没有人会给一个投资商的项目捐钱捐物，却有人愿意为民众自发组织的联合会提供帮助，并由此赢得广大群众的支持。所以，在寻找抽象投资商的时候要慎之又慎：投资商不会出于纯粹的慈善心把钱投入一个不太可靠的项目。他的投入是要通过利息而盈利的。但是，如果你能够把项目结构解释得很清楚，以致能够说服潜在投资商的话，就说明这个项目结构是可靠的，那么你就应该能够自担责任把这个项目接过来，而不必让外来的第三方获利。最晚在这个阶段，项目发起人必须自问，自主融资是不是比把希望寄托在陌生的投资商那里更好一些。

把一个陌生的第三方拉进来，对于项目直接参与者不会有什么好处。这些投资商的最高目标就是利润最大化，而这样做只会增加营运成本。这一点不仅对于项目能否尽快落实非常重要，而且对于能否保障长期营运，尤其是对于能否长期保证项目参与者的积极性至关重要。在许多情况下，项目参与者的尽心尽力是有"感染力"的，如果邻里关系联合会的成员非常投入，那么其他参与者也会热情高涨，积极参与进来。比之抽象的陌生人投资，自主融资所能产生的上述效果要强许多。

基本要素 14

建筑设计竞赛或者委托给房地产开发商

如果一个村以良好的心愿发起一个这样的项目，并且为了"保证建筑设计质量"而组织建筑设计竞赛，而且竞赛结果也被项目建设所采纳，那么这种做法是与开发一个成功的生活模式背道而驰的，因为项目成功的关键是要吸引大量关心陪伴项目的人积极参与进来。让他们参与意见是建立项目认同的重要前提，只有这样才能把住户或营运人员的特殊需求融汇到建筑设计中去。而建筑设计竞赛的关注点是建筑设计的美学组成。那个建筑设计竞赛获奖者几乎不会让积极参与的民众对他建筑设计的"内在美学"说三道四。于是，一个重要的机会便会失之交臂，并且永远无法挽回。

基本要素 15

在设计过程中培养对项目的认同感

当你觉得你被认真对待时，当你的建议有人听的时候，你就会开始积极参与。这样就唤醒了匹夫有责、同舟共济的愿望。参与所产生的责任感就会发展成为对项目的认同和责任。设计师的工作不是创作一个抽象的艺术造型，而是和用户或营运人员一道把他们的需求过滤出来，回报给他们一个相应的建筑作品。在此阶段，设计师的角色是非常敏感的。他要让在此阶段尚未确定的未来主人公（原则上是最有兴趣的邻里公民），像行使主权一样调动他们的积极性。几乎可以说，这些人会带着战战兢兢的好奇心，跟踪项目的进程。在谨慎的共同设计过程中，可以唤醒信任和参与的积极性。最理想的状况是将项目规划与城市规划衔接起来，这样也可以把城市主管领导吸引到居住项目的开发过程，从而保证项目能够得到市政府的认同和支持，同时也能保证项目的透明度。

基本要素 16

获得 —— 产权意识而不是占有

积极关心项目的人一定是负责任的。在埃希斯特腾的斯瓦能豪夫，把租赁和使用权转移给了联合会。其他项目则把公共空间的利用交给住户来决定。决策过程的主人翁精神是给人以获得感的基础，而获得感是激发一个人责任心的前提条件。此时，即使没有直接拥有产权，主人翁精神"Owneship"也会油然而生。在与需要帮助的人群交往中，参与伙伴的这种责任感——不是法律意义上的责任——是特别重要的。

刽新居住模式的基本要素

1. 社会话语

"护理"这个话题每天困扰着数百万德国民众。有人说这是私人的事，有人认为这完全属于护理保险或养老护理院的责任。这是不对的。"未雨绸缪"是一个需要公开讨论的题目。我们必须重新讨论团结和正义问题，为良好关怀创造更多路径，寻找能够激发自信的答案。只有公众参与这些问题的讨论，才能唤醒各类参与者的创新意愿，为需要护理人员开发新型居住和生活空间创造条件。

2. 辅助性

辅助性基本原则强调，不允许剥夺一个个体自己愿意并有能力完成的事情。所以，有护理需求的人群不应该仅仅被视为有质量保证的护理服务的接受者，而应该是自主行动者。遵循辅助性原则就需要在护理领域创造前提和框架条件，以便能够组织就地帮困、发挥自助潜力，并保障社会参与。

3. 护理市场和法律框架条件

护理市场是多种多样的，存在巨大需求潜力。但是市场不能把控未来的全部挑战。尤其是当市场日益朝着仅以盈利为目的的方向发展的时候。公开讨论中几乎只谈护理院。公共机构与州政府联合起来，制定标准和相关规定，以期防止在需要护理人群的住房供应方面犯错误。为了在居住模式中保证高的生活质量，我们必须遵守现有规定，同时又要设法让审批和监督机构相信新型的居住模式。

4. 城镇成为关爱社区

对他人的关怀每天发生在我们身边。组织良好的就地服务、量身定制基础设施、建设互相关怀的社会结构，是实现关爱社区的基本要素。未雨绸缪地认真研究关怀和护理这个题目，是居住小区、乡村和城市社会繁荣的前提条件。这个过程的关键是公共机构的代表。这是在城市和乡村加强市民自组织的基础。

5. 社会结构

当一个人必须离家出走时，这就意味着他将失去他的社会环境。远离家乡必将导致与熟人关系的中断。随着身体机能的逐渐减退，社会生活日益受到限制。分散式小房间结构则可以模仿先前的生活环境，增进人员之间的交流，因为咫尺距离便于互访。有了这种生动的接触，便会逐渐滋生出做义工的冲动。

6. 市民行动、义工和邻里互助

在为需要帮助的人群组织日常生活过程中，可以根据个人能力和生活环境，开展多种多样的义工服务。在此过程中，人与人交往的可信度和价值观起决定作用。当人们充满热情地去做义工时，并不意味着他们是无私奉献或者必须去做利他的事。不能排除热心公益和利己思想的存在。只是必须分清，

什么是无偿援助，什么是有偿服务？

7. 智慧的福利组合

对于护理挑战的答案就在家庭、公益组织和市民团体、市场和国家的互动过程中。城市规划师、建筑师、企业、市长、社团、护理医疗专业机构和社会工作者应该携起手来，因地制宜地制定解决老龄化问题的对策。通过帮困组合措施，保证良好的护理和社会参与。

8. 医疗服务和人文关怀

对于许多住在养老院里的人来说，医疗服务并不那么重要，他们可能只需要有个联系人。在传统护理院，医疗服务被排在了首位，和病人稍作聊天的时间都几乎没有。恰好是那些必须与"失智疾病"抗争的人，他们需要一个信得过的人，一个能在日常生活中给予他们少许关爱、帮助他们解决一些困难的人，一个"动手做事的人"。（参见基本要素6）

9. 质量保证

对于传统护理院的护理服务，需要一个福利主管部门来保证生活不能自理的人能够有尊严地生活。于是就有了护理院监事会和护理立法。质量保证也需要市民参与和邻里互助。定期参与服务的外来人员的认知是真实的。他们的志愿者行动所产生的高度自觉性有利于提高护理机构的质量。小规模的居住组也非常重要。

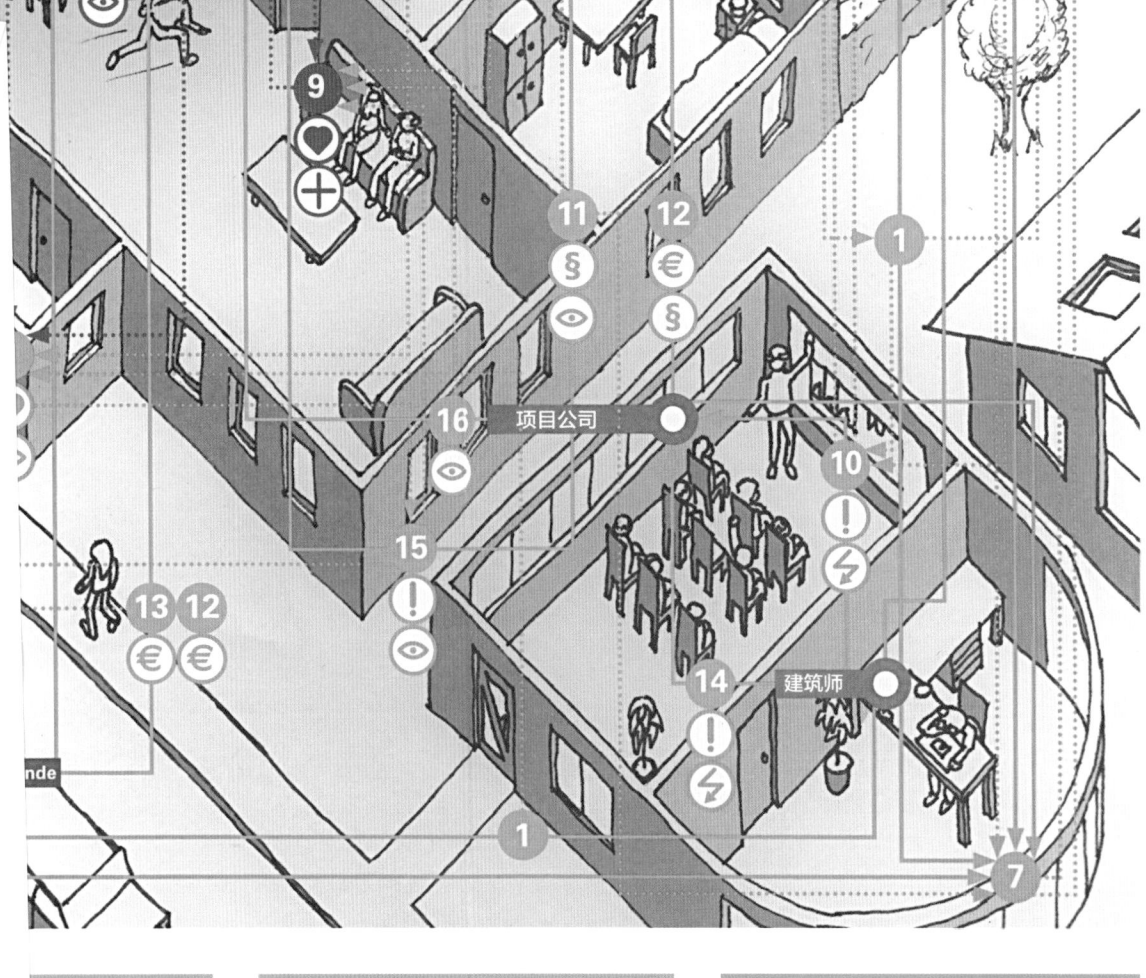

11. 项目主体模式或合作形式

不论采用何种机构形式，均可由多个行为主体联合组建项目公司。这种商业管理公司是经营主体，也可以是不动产的产权人。通过将责任转移给由多人承担的项目公司，而不是由某个个人承担，是对未来的一种保障。合作形式采用责任分摊原则，并以法人的良好协调合作为基础：合伙人可以是出租人、创议团队、市民联合会、护理机构、辅助服务机构或委托人联合体。

10. 项目思路

必须根据住户的未来需求，制定清晰透明的项目思路。包容性居住项目因为它的多样性而富有吸引力。然而，它的复杂性有时也会成为一种障碍，给赢得志同道合者共同参与项目带来困难。为了解释清楚这种差异性结构，项目思路的描述需要有清晰的轮廓，并借助诸如图片、模型或者录像片等宣传资料，帮助潜在的合作伙伴更好地认同你的项目思想。

...的业主，有时候还...购买或建造不动产...收入获得再融资。...行贷款额度小于...意味着项目公司必...资金有几种渠道，...接借款并支付常规...出售，再通过使用...商定的使用费。